华为"1+X"职业技能
等级证书配套系列教材

5G 移动通信网络
部署与运维 中级

华为技术有限公司 ｜ 编著

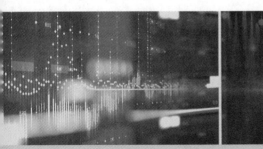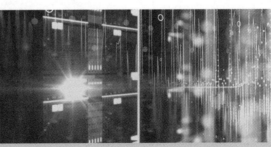

5G Mobile Communication Network Deployment
and Operation & Maintenance (Medium Level)

人民邮电出版社
北 京

图书在版编目（CIP）数据

5G移动通信网络部署与运维：中级 / 华为技术有限公司编著. -- 北京：人民邮电出版社，2023.9
华为"1+X"职业技能等级证书配套系列教材
ISBN 978-7-115-61778-1

Ⅰ. ①5… Ⅱ. ①华… Ⅲ. ①无线电通信－移动通信－通信技术－教材 Ⅳ. ①TN929.5

中国国家版本馆CIP数据核字(2023)第092217号

内 容 提 要

本书是5G移动通信网络部署与运维（中级）教材。全书共5章，包括5G端到端网络部署架构、5G站点设备调测、5G站点现场操作维护、5G站点日常操作维护、5G通用操作安全保障。全书以满足5G移动通信网络部署与运维工程师岗位能力需求为目标，以基站设备调测、基站现场维护、基站日常维护的岗位能力培养为主线，突出职业素养培养和专业技能训练，遵循读者的认知规律，采用理实结合的方式设计章节架构。

本书可用于"1+X"证书制度试点工作中的5G移动通信网络部署与运维职业技能等级证书的教学和培训，也适合作为高校相关课程的教材，同时可以作为从事5G移动通信系统工程施工、5G网络建设、5G网络运维等技术人员的参考用书。

◆ 编　著　华为技术有限公司
　　责任编辑　郭　雯
　　责任印制　王　郁　焦志炜
◆ 人民邮电出版社出版发行　北京市丰台区成寿寺路11号
　　邮编　100164　电子邮件　315@ptpress.com.cn
　　网址　https://www.ptpress.com.cn
　　北京天宇星印刷厂印刷
◆ 开本：787×1092　1/16
　　印张：14　　　　　　　　　2023年9月第1版
　　字数：339千字　　　　　　2023年9月北京第1次印刷

定价：49.80元

读者服务热线：(010)81055256　印装质量热线：(010)81055316
反盗版热线：(010)81055315
广告经营许可证：京东市监广登字20170147号

前言 PREFACE

"1+X"证书制度是《国家职业教育改革实施方案》确定的一项重要改革举措，是职业教育领域的一项重要制度设计创新。面向职业院校和应用型本科院校开展"1+X"证书制度试点工作是落实《国家职业教育改革实施方案》的重要内容之一，为了使 5G 移动通信网络部署与运维职业技能等级标准顺利推进，帮助学生通过 5G 移动通信网络部署与运维认证考试，华为技术有限公司组织编写了 5G 移动通信网络部署与运维（初级、中级和高级）教材。本书在编写时贯彻党的二十大报告中提出的"深入实施人才强国战略，培养造就大批德才兼备的高素质人才，是国家和民族长远发展大计"的要求，内容讲解遵循 5G 移动通信网络部署与运维的专业人才职业素养养成和专业技能积累规律，将职业能力、职业素养和工匠精神融入教材内容，以培养更多移动通信网络领域的卓越工程师、大国工匠和高技能人才。

作为全球领先的 ICT（信息与通信技术）基础设施和智能终端提供商，华为技术有限公司的产品已经涉及数据通信、安全、无线、存储、云计算、智能计算和人工智能等诸多方面。本书以职业技能等级标准为编写依据，以华为 5G 基站调测系统、5G 超仿真训练系统为平台，以站点调测与维护工程案例为依托，从行业的实际需求出发组织全部内容。本书的特色如下。

（1）在编写思路上，本书遵循职业素养培育与基础知识传授、专业技能训练并重的原则，通过从 5G 全网架构解决方案的介绍到 5G 站点设备调测操作，再到站点现场维护与日常维护的操作规范和具体实施的流程，使读者既能充分学习"1+X"证书考试的相关知识内容，又能在实践训练中积累实践经验，同步实现知识掌握和技能提升，为适应未来的 5G 工作岗位奠定坚实的基础。

（2）在目标设计上，本书以 5G 移动通信网络部署与运维工程师岗位能力培养为导向，在初级教材内容的基础上，着重培养读者遵守工程规范完成 5G 站点设备调测的能力、5G 站点现场维护的能力、5G 站点日常维护的能力，结合具体的工程案例，进一步训练读者分析问题、解决问题的能力以及创新能力，目标明确，实用性强。

（3）在内容选取上，本书以 5G 移动通信网络部署与运维职业技能等级标准（中级）为编写依据，坚持先进性、科学性和实用性，及时将行业中的新技术、新规范、新标准引入教材，以支撑高水平 5G 网络建设与运维人才的培养。

本书作为教学用书的参考学时为 48~64 学时，各章的参考学时如下。

课程内容	参考学时
第 1 章　5G 端到端网络部署架构	6~8
第 2 章　5G 站点设备调测	8~12
第 3 章　5G 站点现场操作维护	8~12
第 4 章　5G 站点日常操作维护	24~28
第 5 章　5G 通用操作安全保障	2~4
学时总计	48~64

本书由华为技术有限公司组织编写，南京信息职业技术学院的顾艳华、陈雪娇、邓韦和陈恺联合华为技术有限公司的沈丹萍共同撰写了本书的具体内容，顾艳华负责统稿，华为技术有限公司的沈丹萍、吴云霞、罗杰为本书的编写提供了技术支持，并审校全书。

由于编者水平和经验有限，书中不足及疏漏之处在所难免，恳请读者批评指正。读者可登录人邮教育社区（www.ryjiaoyu.com）下载本书相关资源。

编　者
2023 年 4 月

华为"1+X"职业技能等级证书配套系列教材编写委员会

目录 CONTENTS

第 1 章
5G 端到端网络部署架构

01

5G 端到端的整体网络架构包含无线接入网、承载网、核心网 3 个部分。无线接入网负责移动终端设备的接入，一般由多个基站设备组成，通过光纤等有线介质与承载网设备对接；承载网负责基站到中心机房的连接，由光缆互联的承载网设备组成；核心网主要负责数据转发、网络计费，以及针对不同业务场景的策略控制等。

本章将对无线接入网、承载网、核心网的架构等相关内容展开详细介绍。

本章学习目标

- 掌握移动通信网络架构
- 掌握 5G 核心网架构
- 掌握 5G 承载网架构
- 掌握 5G 无线接入网架构

1.1 5G 端到端整体网络架构

2015 年 6 月，国际电信联盟-无线电通信部门（ITU-R）定义了 5G 的三大业务场景：增强型移动宽带（enhanced Mobile Broadband，eMBB）、海量机器类通信（massive Machine Type Communication，mMTC）和超高可靠性超低时延（ultra Reliable & Low Latency Communication，uRLLC），如图 1-1 所示。

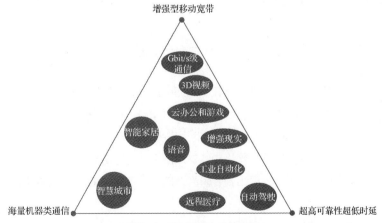

图 1-1 5G 的三大业务场景

不同于以往的移动网络，5G网络不仅能够帮助消费者使用手机接打电话、上网浏览信息等，还服务于各垂直行业。而各垂直行业对网络的要求是多种多样的，如自来水、电力、煤气等企业对5G网络的要求侧重于大连接；自动驾驶等相关企业对5G网络的要求侧重于超低时延、超高可靠性；而腾讯、爱奇艺、优酷等视频网站对5G网络的要求侧重于高带宽。这就对5G网络架构提出了更高的要求。那么，5G的网络架构究竟是怎样的呢？

1.1.1　5G云化网络架构

5G是以用户为中心的网络，其基于不同业务用户与终端部署各节点功能网络，改变了传统以基站为中心的思路，突出了"网随人动"的新要求。网络中各节点不同程度地采用了云化组网的机制，整体上更适应以用户为中心的业务的分布部署。

图1-2所示为5G端到端网络架构。5G端到端网络主要由无线接入网、承载网及核心网这3个部分组成。承载网包括前传网、中传网和回传网。其中，射频单元（RF Unit）和分布式单元（Distributed Unit，DU）之间的网络称为前传网；集中式单元（Centralized Unit，CU）和DU之间的网络称为中传网；CU与核心网之间的网络称为中传网/回传网或者回传网。5G端到端网络架构的云化主要体现在核心网上。5G核心网（5G Core network，5GC）的功能实现了安装部署集中化，即核心网的云化。

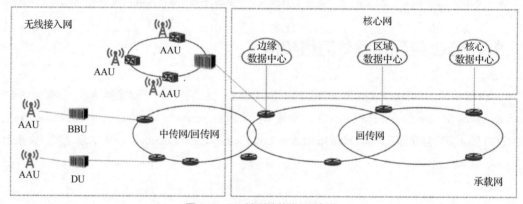

图1-2　5G端到端整体网络架构

根据不同的业务要求，业务功能被部署在不同的数据中心，数据中心之间的网络称为中传网/回传网。整个数据中心分为边缘数据中心、区域数据中心和核心数据中心。

（1）边缘数据中心：包括CU、低时延场景的用户平面网络功能等。

（2）区域数据中心：包括控制平面网络功能、用户平面网络功能等。

（3）核心数据中心：以控制、管理和调度职责为核心，包括5GC的网络功能，实现网络的总体监控和维护。

CU和5GC的各个功能模块根据不同的业务可布放在不同的数据中心。例如，在自动驾驶、远程医疗等对可靠性和时延要求高的业务场景中，就可以将用户平面功能（User Plane Function，UPF）

模块布放在边缘数据中心，业务数据直接在边缘处理，大大降低了网络端到端时延。而在物联网、水表、电表、监控类对速率和时延要求并不高但对连接数有要求的业务场景中，就需要将 UPF 布放在核心数据中心。

边缘数据中心、区域数据中心和核心数据中心统一由网络管理系统管理，主要采用软件定义网络（Software Defined Network，SDN）技术管理。而边缘数据中心的模块化结构采用网络功能虚拟化（Network Functions Virtualization，NFV）技术实现。因此，SDN 和 NFV 也被称为构建 5G 网络的两大核心技术。

1.1.2　5G 云化关键技术——NFV

回顾过去 20 年的电信发展史，在电路交换时代，电信业务单一，承载方式多样且网络比较复杂。后来，网络进入了全 IP 时代，有了统一的承载方式，实现了控制、承载、业务 3 种功能的分离，但是依然很难统一管理，无法灵活匹配用户需求，也无法提供更低成本的业务。在这种情况下，迫切需要开发新的网络架构，以降低网络建设和扩容成本，实现网络的统一管理和自动化运维，以更低成本更灵活地进行部署。NFV 技术由此应运而生。

在应用 NFV 技术之前，网络架构是烟囱式的，即软件和硬件是强耦合在一起的。如图 1-3 所示，左侧的 EPC、IMS 等网元的硬件和软件是紧耦合的，如厂商 A 的核心网网元软件必须和厂商 A 的硬件绑定。在 5G 网络中，网元软件不必关心底层的硬件出自哪个厂商，因为网元将以软件包的形式安装在服务器中，从而实现网元软件和硬件的解耦，此时的网元就类似于一个应用（Application，App）。NFV 技术通过通用服务器和虚拟化技术，将硬件和网元功能彻底解耦（见图 1-3 右侧），核心网网元可以快速创建、动态迁移、灵活扩容，极大地提升了网络的灵活性。

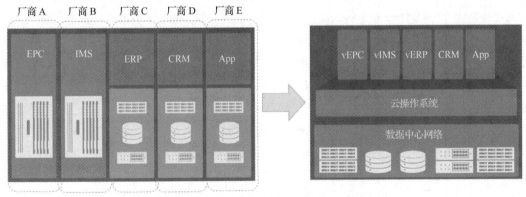

图 1-3　NFV 技术示意

NFV 技术重新定义了网络设备架构。如图 1-4 所示，NFV 技术的整个网络设备架构可以分为架构层、虚拟化层和功能层 3 层。

（1）架构层，这一层是由统一的硬件平台组成的。

（2）虚拟化层，即云操作系统，可以实现资源动态调整，从而节省总成本、加速产品上市。

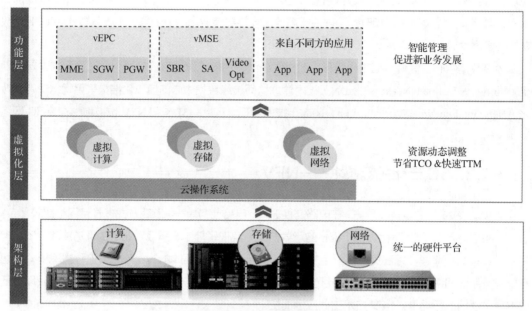

图1-4　NFV技术的网络设备架构

（3）功能层，包括多个虚拟化网络功能模块，能够实现灵活部署和智能管理，以促进新业务发展，所以 NFV 技术可以理解为基于虚拟化技术的网络功能。需要强调的是，实际上，在 NFV 技术架构中，网络功能（网元）本身的变化并不大，变化的是网元的载体，从定制化的、独占的硬件（刀片服务器）变成了虚拟化资源。

NFV 标准架构如图 1-5 所示，首先，一切系统都需要硬件支撑，在 NFV 中使用通用硬件，如各种刀片服务器。其次，NFV 的核心是虚拟化，所以需要将通用硬件虚拟化为硬件资源池，这个工作由云操作系统（Cloud Operating System，Cloud OS）完成。通用硬件与云操作系统一起被称为 NFV基础设施（Network Functions Virtualization Infrastructure，NFVI）。虚拟化操作系统得到虚拟资源后，再使用这些资源去构建所需的网络功能，也就是网元。在 NFV 中，这些基于虚拟化技术的网络功能被称为虚拟化网络功能（Virtualized Network Function，VNF）。实际上，VNF 由两部分组成，其底层是由计算资源组成的虚拟机（相当于传统网络的单板）（即图 1-5 中 VNF 1），上层是实现网元功能的各种业务软件系统（即图 1-5 中 EMS 1）。图 1-5 的右侧有一部分与左侧的业务部分连接，被称为管理和编排（Management and Orchestration，MANO），负责 NFV 各层的管理。MANO 主要有3 层。虚拟基础设施管理（Virtual Infrastructure Manager，VIM）负责虚拟基础设施发现、故障管理和管理分配。VNF 的管理（Virtual Network Function Manager，VNFM）负责 VNF 的创建、删除、扩/缩容。网络功能虚拟化编排器（Network Functions Virtualization Orchestrator，NFVO）：如果传统网络要部署一个业务，则常常需要在端到端网元及系统中进行一系列配置，这样做不仅逻辑复杂，部署时间还长。如果业务的部署上线仅需要通过执行一条指令或者加载一个配置文件就能实现，那么可以大大提高业务运营的速度，从而加快业务的商业转化。基于这个想法，NFV 的标准架构引入了 NFVO 模块。

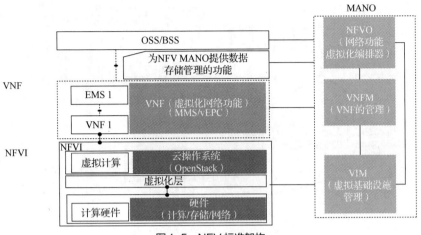

图 1-5　NFV 标准架构

相比于传统网络，NFV 是一种新方式、新节流、新增长的网络。与传统网络业务相比，NFV 主要具有以下 3 个优势。

① 传统网络业务部署复杂且耗时长，而 NFV 简化了部署过程，可以实现灵活快速部署，缩短了产品上市周期。

② 传统网络运维复杂，而 NFV 基础设施能够统一管理，实现硬件归一化，从而达到自动化操作和维护、基础设施共享，有效地节省了设备总成本。

③ 传统网络是封闭的，而 NFV 可以为第三方开发者提供平台，促进了网络的创新和发展。

1.1.3　5G 云化关键技术——SDN

网络设备的内部体系结构包括管理平面、控制平面和数据平面这 3 种操作平面。管理平面通过网络界面或命令行界面处理外部用户交互和身份认证、日志管理；控制平面负责管理内部设备操作，提供引导设备引擎发包的指南，运行路由交换协议，并将情况反馈给管理平面；数据平面使用控制平面提供的转发表来转发数据。为了实现网络的可靠性和高可用性，目前的网络采用了基于分布式网络的方法，其中每个设备独立计算、配置和管理。

图 1-6 所示为传统分布式网络体系结构。其中，控制平面和数据平面部署在相同的物理硬件上。这样的网络主要面临着网络拥塞、设备复杂、运维困难、新业务部署慢等问题，这些问题严重地阻碍了网络的进一步发展和创新，而 SDN 技术能够很好地解决这些问题。

SDN 是由美国斯坦福大学 Clean Slate 研究组提出的一种新型网络创新架构。其核心思想是将网络设备的控制平面与数据平面分离，使控制平面集中到设备外面，从而实现网络流量的灵活控制。图 1-7 所示为采用 SDN 技术的网络体系架构。从图 1-6 和图 1-7 中可以看到，传统网络中的控制平面和数据平面部署在一个设备上，而 SDN 将控制平面分离出来，并在控制平面中引入了新的组件——SDN 控制器，从而以集中的方式管理多个设备。未来，新的服务或者升级网络程序将被部署到 SDN 控制器上，客户可以快速地部署网络。

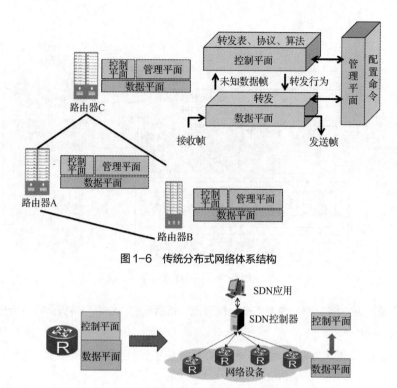

图1-6　传统分布式网络体系结构

图1-7　采用 SDN 技术的网络体系架构

SDN 技术有以下 3 个主要特征。

（1）控制平面和数据平面分离。SDN 最基本的功能是实现控制平面和数据平面的分离。在一个典型的 SDN 中，网络是智能地在 SDN 控制器上逻辑集中的，这样在逻辑控制上可以实现全局设计和操作。

（2）网络集中化。SDN 控制器以集中化方式管理并控制网络设备（在 SDN 中，这些网络设备被称为转发器）。这种新的网络设备管理方式大大减少了网络中冗余的协议部署。

（3）开放的接口。图 1-8 所示为 SDN 控制器的工作示意，由此可知，SDN 控制器集中管理转发设备并提供上层开放接口给管理系统。需要部署新服务时，通过管理系统添加新的组件即可，所有的新服务直接由上层应用编程实现。OpenFlow 定义了 SDN 控制器和转发设备之间的通信规则。

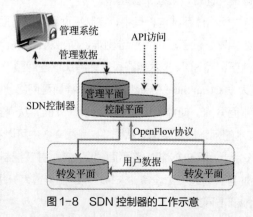

图1-8　SDN 控制器的工作示意

读者了解了 5G 端到端网络的整体架构后，下面将进一步介绍 5GC（5G 核心网）、5G 承载网和 5G 无线接入网的架构等相关知识。

1.2 5G 核心网架构

手机开机后想用 5G 网络上网，要先搜索到无线信号，再通过无线侧将手机终端相应的信息注册到核心网，由核心网为终端分配相应的资源，创建一条用于上网的通道，这样手机才能正常上网。

上述过程中涉及核心网的很多网络功能。有些网络功能用于记录终端的位置信息，以便实时掌握终端的位置；有些网络功能用于记录终端的开户信息，以便核心网识别终端是否具有权限；有些网络功能用于提供通道、传送数据包；有些网络功能则用于计费。其中，用户的位置信息管理、签约信息管理、计费等都属于核心网控制平面的功能，而提供通道、传递数据包则属于核心网用户平面的功能。

接下来将学习 5GC 架构。

1.2.1 5G 目标网络架构

5G 技术的到来使电影场景有可能变为现实。就适配未来不同服务的需求，人们对 5G 网络架构寄予了非常高的期望。业界结合信息技术的"云原生（Cloud Native）"理念，对 5G 网络架构实施了两个方面的变革：一是将控制平面功能抽象为多个独立的网络服务，希望以软件化、模块化、服务化方式构建网络；二是控制平面和用户平面分离，使用户平面功能摆脱"中心化"的束缚，使其既可以灵活部署于核心网，又可以部署于更靠近用户的无线接入网。除了这两个方面的变革之外，5G 网络还需要实现端到端的切片。根据用户业务需求，5G 网络按需生成相应切片，以满足不同业务的应用场景。因此，5G 网络具有四大特征：全融合云化网络、服务化架构、分布式架构及端到端网络切片。

图 1-9 所示为基于服务的架构（Service Based Architecture，SBA）的 5G 网络架构，包括控制平面、用户平面，以及各网络功能之间的接口。其中，终端的最新位置信息在接入和移动性管理功能（Access and Mobility Management Function，AMF）上有记录；终端的开户信息保存在统一数据管理（Unified Data Management，UDM）中；UPF 做数据路由转发。控制平面网络功能之间使用服务化接口，例如，Namf 表示 AMF 网络功能提供和其他网络功能交互的标准接口，其他的接口与此类似。图 1-9 的下半部分描绘了用户平面之间或者用户平面和控制平面之间的接口，主要用于用户平面数据转发，如 N3、N6 等接口，以及用户平面和控制平面之间进行交互的接口（如 N4 接口）等。其中，无线接入网（Radio Access Network，RAN）提供用户无线接入功能，DN 表示数据网络（Data Network），UE 表示用户设备（User Equipment）。

在 5GC 中，第三代合作伙伴计划（3rd Generation Partnership Project，3GPP）提供了两种形式的参考点。第一种是基于服务化接口的参考点，如图 1-9 所示，控制平面各网络功能之间的交互关系是基于服务化接口的，如 Namf、Nsmf 等接口。第二种是基于传统点对点通信的参考点，如图 1-10 所示，控制平面与 UPF、5GC 和无线侧以及外部网络连接时，仍基于传统的点对点通信参考点，如 N1、N2 等接口。各接口使用 3GPP 各自定义的协议。

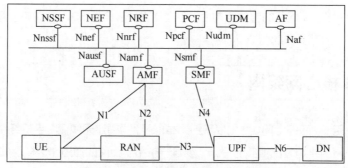

图1-9　基于服务的架构的5G网络架构

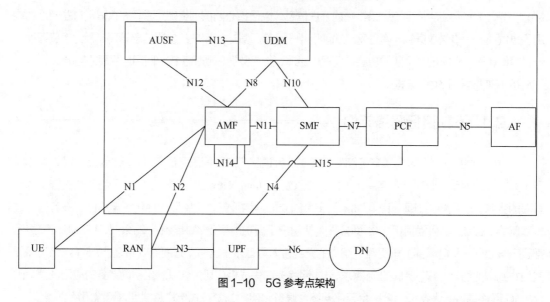

图1-10　5G参考点架构

　　每个网络服务和其他服务在业务功能上解耦，并对外提供服务化接口，可以通过相同的接口向其他调用者提供服务，将多个耦合接口转变为单一服务接口，从而减少接口数量。这种架构即SBA。表1-1对5GC的网络功能做了简单介绍，包括控制平面网络功能和用户平面网络功能。

表1-1　对5GC网络功能的简单介绍

网络功能	功能说明
AMF	接入和移动性管理功能（Access and Mobility Management Function，AMF）执行注册、连接、可达性、移动性管理，为UE和SMF提供会话管理消息传输通道，为用户接入提供认证、鉴权功能，是终端和无线的核心网控制平面接入点
会话管理功能（Session Management Function，SMF）	负责隧道维护、IP地址分配和管理、UP功能选择、策略实施和服务质量（Quality of Service，QoS）控制、计费数据采集、漫游等
认证服务器功能（Authentication Server Function，AUSF）	实现3GPP和非3GPP的接入认证
用户平面功能（the User Plane Function，UPF）	实现分组路由转发、策略实施、流量报告、QoS处理

续表

网络功能	功能说明
策略控制功能（Policy Control Function，PCF）	实现统一的政策框架，提供控制平面网络功能的策略规则
统一数据管理功能（the Unified Data Management，UDM）	包含 3GPP AKA 认证、用户识别、访问授权、注册、移动、订阅、短信管理等
网络功能注册功能（NF Repository Function，NRF）	该功能是一种提供注册和发现功能的新功能，可以使网络功能（Network Function，NF）相互发现并通过应用程序接口（Application Programming Interface，API）进行通信
网络切片选择功能（Network Slice Selection Function，NSSF）	根据 UE 的切片选择辅助信息、签约信息等确定 UE 允许接入的网络切片实例
网络开放功能（Network Exposure Function，NEF）	提供开放各 NF 的能力，转换内部和外部信息
应用功能（Application Function，AF）	进行业务 QoS 授权请求等

随着 5G、物联网、视频及云服务等新技术和新业务的不断兴起，传统网络在资源共享、敏捷创新、弹性扩展和简易运维等方面存在明显不足，导致运营商面临持续的运营和市场竞争压力。为有效满足需求、提高竞争力，网络转型迫在眉睫，而借助 NFV 和 SDN 技术，可构建面向未来的全面云化网络。全面云化网络具备以下 3 个关键特征。

（1）硬件实现资源池化，包括网络和 IT 设备，从而实现资源的最大共享，改变传统的烟囱式架构。

（2）软件的架构要实现全分布化，因为全分布化是实现大规模系统的基本条件。只有实现全分布化后，分布式系统才能具备弹性能力，才能够实现故障的灵活处理和资源的灵活调度。

（3）全自动化，也就是说，所有的业务部署、资源调度以及故障处理都要实现全自动，不需要人工干预。

只有具备这 3 个关键特征才是真正的全面云化，否则只能是某种意义上或者某个局部的云化。对于云化 5GC 而言，云化架构、SBA、控制平面和用户平面分离（Control and User Plane Separation，CUPS）及移动边缘计算（Multi-access Edge Computing，MEC）、网络切片是其重要特征。

1.2.2　5G 核心网 SBA

SBA 是 5GC 首次采用的架构。那么 5GC 为什么要选择采用 SBA 呢？与 SBA 紧密联系在一起的是"云原生"这个概念。

5G 将渗透到未来社会的各个领域，为不同用户和场景提供灵活多变的业务体验，最终实现"信息随心至，万物触手及"的总体愿景，开启一个万物互联的时代。与此同时，相较于传统的电信业务，新业务要求网络侧具备快速上线的能力，以实现对不同行业业务诉求的快速响应。灵活多样的业务场景和极短的上线周期，5G 的这些业务特点与 IT 互联网业务非常相似。而 IT 行业架构经过多年的打磨，业务已经非常敏捷和灵活。因此，5G 需要借鉴 IT 的云原生设计和实现理念，吸纳 IT 行业的优秀实践经验，迎接 5G 新业务带来的挑战。下面以 IT 的架构演进为例，逐步为大家揭开云原生的神秘面纱。

淘宝自成立以来业务发展非常迅速，并且不断有新的模式出现。关于如何在技术上既能跟上业务的发展甚至引导业务的发展，又能保证系统的稳定性，淘宝也在不断地尝试解决方案。

天猫从淘宝孵化而出，它们的很多业务功能（如会员、商品、交易等）都很类似，所以天猫可以快速从淘宝复制一份代码独立发展起来，这种方式在天猫业务发展初期还可应对自如，但随着业务的逐步发展可以发现，对于一个交易流程的优化，淘宝团队修改一遍后，天猫团队还要再修改一遍，不仅费时费力，还不能保证功能的一致性。基于这种情况，淘宝开始尝试服务化方式重构系统，将各个业务单元（淘宝、天猫等）都要用到的业务功能（如会员、商品、交易等）通用的服务拆分开，进行功能解耦。

实施服务化改造后，同样的交易流程优化只要修改一次，各个业务单元就可以直接使用了，极大地提高了需求响应效率、缩短了其他新业务（如聚划算）的上线时间。

淘宝大规模分布式网络软件设计和实践与云原生的设计理念高度吻合，具体表现在以下几个方面。

（1）无状态：业务处理（应用）和存储（后台数据库）分离，将业务状态和会话数据从业务处理单元中分离出来，并存储在独立的数据库中，实现业务处理单元的无状态设计，使得业务处理单元可以任意弹性伸缩，从而可以应对"双十一"的大流量挑战。同时，如果处理逻辑单元出现故障，则可以通过数据服务快速获取会话的数据或者状态，包括正在进行的会话，从而不影响应用对外提供服务，保证业务的连续性。

（2）分布式存储：简单来说，就是通过内部协议约定，将要求保存的文件同时写入多台机器，这样文件就有了多个备份，再也不用担心出现因一台机器出现故障而导致数据丢失的情况。通过分布式存储，利用多台存储服务器分担存储负载，不仅提高了系统的可靠性、可用性和存取效率，还易于扩展。

（3）（微）服务解耦：例如，淘宝对会员、商品、交易、个性化服务等进行功能解耦拆分，拆分之后的每个系统可以单独部署，业务简单，方便扩容，同时可以通过模块灵活组合来完成新业务快速上线。

（4）轻量虚拟化（容器）：在上述关键技术特征下，原有的单体应用被解构成多个小型服务化模块，在虚拟化环境下，这些模块的相应资源载体需要更轻量化，这样才能在面对大流量时实现快速部署、快速扩容。

5GC 的 SBA 设计理念就基于云原生。NFV 技术和 SDN 技术在控制平面功能间基于服务进行交互。这些服务部署在一个共享的、编排好的云基础设施上并进行相应的设计，以完成不同业务诉求。这样的架构保证了单个业务处理节点出现故障、业务消息被负载均衡分发到其他正常状态的业务处理节点后，新的业务处理节点与后台数据库交互获得用户状态时，仍然可以正常处理用户的业务消息。新扩容的业务处理节点与数据库交互获得用户状态，也能够处理任何处在初始态或者中间态用户的业务消息。

1.2.3　5G 核心网 CUPS 架构

在介绍 CUPS 架构之前，先了解一下 MEC 的概念。随着 5G 时代的到来，上层业务进一步向 eMBB、mMTC 和 uRLLC 拓展，产生了如车联网、云 AR/VR、云游戏、无人机、高清直播、工业控制等新场景。这些新应用领域对网络能力提出了更高的要求，不仅要求更低的业务时延，还要求业务能感知用户的具体位置，根据用户所在位置进行具体业务优化，而另一些应用要求业务在网络边缘具备移动能力。

在这种情况下，MEC 的出现为满足日益增长的业务需求提供了很好的技术和架构支撑。那么具体什么是 MEC 呢？可以将 MEC 拆分成"Multi-access""Edge"和"Computing"3 个名词来理解。

首先是名词"Multi-access"，即多接入技术。随着网络架构的演进，在 5G 网络中，用户可以通过不同接入方式统一接入 5GC，接受 5GC 的统一管理与控制。因此，MEC 作为统一业务平台，可以集成多种接入方式下的应用，支持用户使用不同接入方式接入同一场景。从接入种类上来说，MEC 可以支持各种各样的接入方式，如 2G/3G/4G/5G、固定网络宽带等。5GC 可以实现统一的接入管理和控制，最终数据转发经过 MEC 时，可以实现相应的业务功能。例如，在电影院里，用户可以通过不同的接入方式使用 MEC 服务，如 Wi-Fi、5G 等。

其次是名词"Edge"，即边缘，就是让网络靠"边"，例如，将腾讯的服务器和中国移动的核心网网关合在一起放到家门口，就可自由地使用腾讯服务。就像小区中有了 ATM，取钱再也不用到银行柜台一样，想什么时候取钱就什么时候取钱。这种结构称为从中心到边缘，即通过网络功能和应用的边缘部署来实现超低时延。如图 1-11 所示，原来的服务是由云计算中心的服务器提供的，如图 1-11（a）所示；在边缘计算场景下，企业把互联网服务提供商的服务器下沉到边缘，以减少数据传输过程中产生的时延，同时缩短内容服务器到用户终端的网络传输距离，从而减少对运营商承载网的压力，如图 1-11（b）所示。

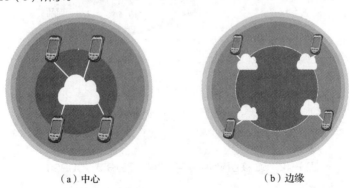

（a）中心　　　　　　　　　　　　（b）边缘

图 1-11　从中心到边缘

最后是名词"Computing"，即计算，是指将网络的计算能力一起下放到边缘，如视频编/解码处理、VR/AR 渲染、视频分析、人工智能等。例如，在警务安保、车牌识别等视频监控中，视频回传流量通常比较大，但大部分画面又是静止不动的，没有价值，利用 MEC 的计算能力，可以对视频内容进行分析，动态编/解码，提取有变化、有价值的画面和片段进行上传，将大量无价值的监控内容暂存在本地，并定期删除，从而有效地优化视频流量、节省传输带宽。

欧洲电信标准化协会（European Telecommunications Standards Institute，ETSI）定义了MEC七大应用场景：视频优化、增强现实、企业分流、车联网、物联网、视频流分析和辅助敏感计算。MEC技术的逐步成熟将为人们的移动互联生活带来更加极致的体验，同时能帮助人们将一些科幻电影中的场景变为现实。

一直以来，核心网作为"调度中心"分为控制平面和用户平面，控制平面负责建立和管理分发业务数据的路线，如核心网内部有很多网元负责信令处理，在进行网元选择和交互时使用的就是控制平面消息。用户平面则负责分发用户的业务数据、转发用户数据，如用户看视频、浏览网页等。

在5G时代到来以前，核心网的控制平面和用户平面交织在一起，很难剥离，也就是说，数据转发设备既负责控制平面转发，又负责用户平面转发。在4G网络架构演进中，3GPP提出了控制平面和用户平面分离方案。特别是在3GPP R14标准中定义了控制平面和用户平面分离架构，并新增了控制平面和用户平面之间的逻辑接口，支持控制平面对用户平面的业务管控。另外，一个控制平面可以对多个用户平面进行管控。在建立连接、转发数据的时候，控制平面根据接入点名称（Access Point Name，APN）等信息选择合适的用户平面节点，包括更靠近边缘的用户平面，以此满足网关分层次部署的要求。

到了5G时代，5GC通过服务化架构等技术彻底将控制平面和用户平面分离（Control and User Plane Separation，CUPS），使得网络架构进一步扁平化。在4G网络架构中，用户数据需要经过基站、服务网关和分组数据网关的三层转发。而在5G网络架构中，用户数据从基站发出后只需要经过用户平面和网关的二层转发，如图1-12所示。更加扁平化的结构使5G网络传输时延更低、传输效率更高。

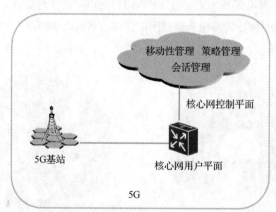

图1-12　5G核心网的控制平面和用户平面分离（CUPS）

5G核心网CUPS架构的存在使得用户平面可以根据不同业务场景，被灵活地部署在核心网或接入网上，从而有效地降低网络的端到端时延，赋能低时延的5G应用。例如，车联网相关业务对时间敏感，就可以将用户平面部署于接入网，达到提升用户体验、节省带宽资源的效果。

在图1-13中，控制平面功能由多个网络功能承载，如AMF、SMF等；用户平面功能由UPF独立担当，用来转发数据。该架构使用户平面功能摆脱了"中心化"的束缚，既可以灵活部署于核心的DC，又可以部署于更靠近用户的无线接入网络中的边缘DC。

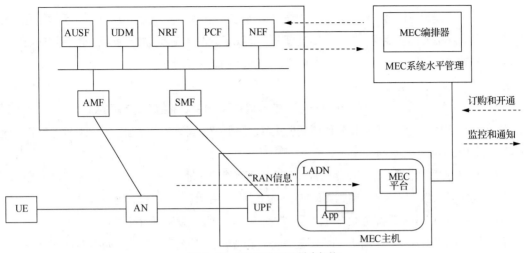

图 1-13　5G 和 MEC 融合架构

CUPS 架构既有利于简化运维、提升运维效率、加快新业务的部署，又可以根据用户业务的时延要求、用户体验和带宽节省等不同需求，灵活部署用户平面的位置，最大化地提升了用户体验和网络效率。在图 1-12 中，UPF 就是 3GPP 定义的移动网络架构和 ETSI 定义的 MEC 的公共部分。运营商通常在 MEC 中集成用户平面转发功能，以实现 MEC 本地接入或者本地分流的功能。

1.2.4　5G 核心网切片架构

随着数字经济时代的到来，各种不同的场景对通信网络在带宽、时延、安全、可靠性、管理等方面需求不一，在同一个网络中满足所有场景的功能已经不具备可操作性。传统的解决类似问题的方法是开发部署高成本的专网。随着硬件成本的飞速下降和云计算的虚拟技术的不断成熟，为不同场景构建虚拟的专业网络，即网络切片（见图 1-14）已不成问题。

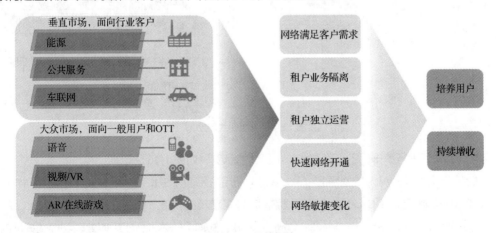

图 1-14　网络切片

网络切片就是在一个物理网络中部署多个逻辑网络，应用于垂直市场的行业客户或者大众市场的一般用户，以满足不同客户的需求，不同逻辑网络间的业务隔离使得租户可以独立运营且网络开通的效率高，不需要部署专网，逻辑上敏捷部署，实现了运营商在传统物理网络上的新用户培养。这里的用户就是切片的使用者，一般称为租户，可使运营商持续增收。

网络切片的驱动力有哪些呢？

（1）为各垂直行业/大众市场创建基于切片的虚拟专网，将大幅度降低专网的成本。

（2）网络切片对资源和业务逻辑的隔离能大幅度降低技术实现的复杂度，并刺激业务创新，这逐渐成为业内的共识。

（3）NFV技术的出现加速了网络切片在各运营商网络的落地。

（4）网络切片会分段落地，首先实现核心网的切片，后续切分无线接入等。

所以，网络切片的实现能够激发垂直行业的新模式，增强大众网细分能力。

网络切片如何划分呢？网络切片通常按业务分类，按垂直厂商形成实例，如图1-15所示。

一类业务对应一种切片类型：上网、语音、视频都是传统的移动用户的业务，也属于带宽类业务；能源抄表的特点是大连接；辅助驾驶等业务的特点是低时延。也就是说，可以根据5G业务的三大应用场景对业务进行分类，以此划分切片类型，即切片模板。它们之间的区别主要在于业务特点不一样，CN侧部署的功能也不一样。

针对一个租户，即切片的使用者，使用切片模板产生的就是一个切片实例，在图1-15所示的带宽类切片类型中，上网业务是一个切片实例，语音业务是一个切片实例，视频也是一个切片实例。

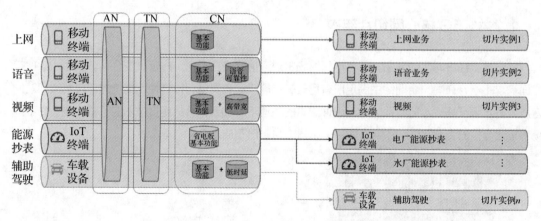

图1-15　网络切片划分

网络切片如何进行编排呢？下面来看一个具体的示例，如图1-16所示。

5GC控制和承载分离为控制平面（SOC-CP）和用户平面（SOC-UP），SOC-CP融合MME、GW-C、PCRF等网元，SOC-UP支持可编程和动态业务链集成。

面向业务的核心网（Service Oriented Core network，SOC）总体进行了呼叫处理和存储分离的云化架构重构。SOC-CP和SOC-UP均按功能原子化、模块化解耦设计，支持按需模块化功能组合和部署。

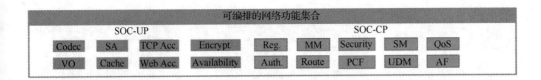

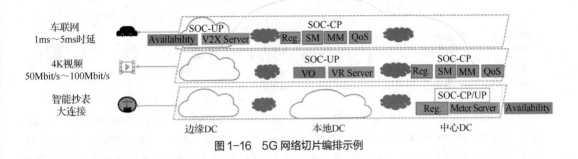

图1-16　5G 网络切片编排示例

在图 1-16 中，有车联网、4K 视频、智能抄表 3 类业务，这 3 类业务对网络的要求不同，需要部署 3 种不同的切片类型。可以看到，针对不同业务的特点，网络功能进行了不同的编排。车联网业务对网络时延要求高，所以用户平面部署在边缘数据中心（Data Center，DC），控制平面部署在本地 DC；4K 视频用户平面部署在本地 DC，控制平面部署在中心 DC；智能抄表业务对时延、带宽都没有太高的要求，用户平面和控制平面均部署在中心 DC。这 3 种切片类型对应了 3 种业务实例，网络中也对这 3 种业务进行了隔离。

根据不同业务对网络的不同要求，将网络功能灵活编排到网络的各个数据中心，这就是核心网切片的编排。

切片的网络功能可以根据不同的业务场景选择共享或者独占，切片的形态也由此分为完全独立的切片、多切片共享 NF，以及完全共享 3 种形态，主要按照隔离度、差异性和组网 3 个指标进行划分。如图 1-17 所示，隔离度高、差异性高、组网复杂的场景，可以部署完全独立的切片；隔离度、差异性、组网复杂性居中的场景，可以部署多切片共享 NF；隔离度低、差异性低、组网简单的场景，可部署为完全共享。完全共享其实不是切片，而是普通的网络。5G 的 eMBB、mMTC 和 uRLLC 三大应用场景根据这三大指标可以部署不同的切片网络。5G 的三大应用场景可以部署多切片共享 NF 的形态，uRLLC 在业务隔离度要求高的情况下也可以部署完全独立的切片。

5G 网络其实就是通过切片技术实现的网络，用来满足不同用户的不同服务需求。目前，5G 网络就是一个多切片共享 NF。

下面来看一下 5GC 的云化演进，如图 1-18 所示。5GC 是云化核心网与分布式核心网的结合。云化核心网架构在 4G 时代就已经实现，软件架构已经就绪。分布式核心网引入了 CUPS 和 MEC，改善了用户体验，实现了网络架构的就绪。两者的结合升级到 5G 核心网，就可以实现按需切片。所以通过 5G 的目标，基于 SBA、分布式云化切片架构的 5GC 就此诞生。

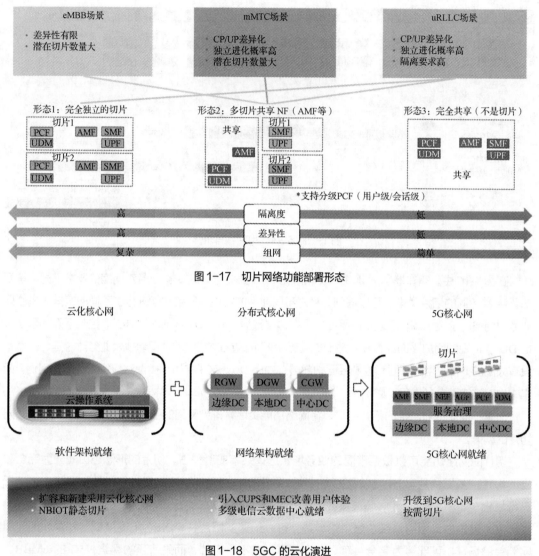

图 1-17　切片网络功能部署形态

图 1-18　5GC 的云化演进

1.3　5G 承载网架构

　　人们在生活中时时刻刻都在使用着"网络"：人们每天都要使用自来水洗衣、做饭，水通过输水网络输送到千家万户；人们的工作和生活要使用电力照明，电通过供电网络输送到各种用电终端；人们每天都要乘坐公交、地铁等交通网络设施到达办公场所；人们每天都会使用各种移动终端访问互联网，各种信息通过移动通信网络发送至目的地。5G 是由基站、承载网、核心网、各种 App 服务器等共同组成的。其中，承载网在整个网络结构中承担的是"管道"的功能，就像电力传输网络作为管道输送电力一样，承载网作为通信管道传输各种信号，将手机发送或接收的信息通过基站和核心网进行交互。

1.3.1　5G 承载网概述

按照覆盖范围，移动通信网络中的承载网可以分为局域网（Local Area Network，LAN）、城域网（Metropolitan Area Network，MAN）和广域网（Wide Area Network，WAN）。局域网通常是指几千米以内的，可以通过某种介质互联的计算机、打印机、调制解调器或其他设备的集合；城域网覆盖范围为中等规模，介于局域网和广域网之间，通常是一个城市内的网络连接（距离为 10km 左右）；广域网分布范围广，它通过各种类型的串行连接在更大的地理区域内实现接入。现网中提到的骨干网一般是指广域网，作用范围为几十千米到几千千米。

按照具体的功能，承载网可以分为两个部分：无线回传网络和 IP 承载网络。无线回传网络的主要作用是连接基站与核心网，传递两者之间相互发送的信息。使用 IP 技术进行业务承载的无线回传网络也称为基于 IP 的无线回传网络。IP 承载网络的主要作用是实现不同核心网之间的互联，以及与 Internet 的互联。不同的核心网位于网络中的不同位置，相互之间需要通过 IP 承载网络进行数据访问。

"地球是圆的"和"条条大路通罗马"这两句话告诉我们，从一个城市到达另一个城市有多条路径，当一条路径堵塞之后可以切换到另一条路径，传输速率小的路径堵塞了可以切换到传输速率大的路径，这就是"分级"和"环形"的优势。5G 承载网的网络结构也以环形结构为基础，并划分层级，包括接入环、汇聚环和骨干核心环，接入环与汇聚环、汇聚环与骨干核心环的相交处都是使用两套设备连接（也称为双归设备）的。5G 承载网架构如图 1-19 所示。

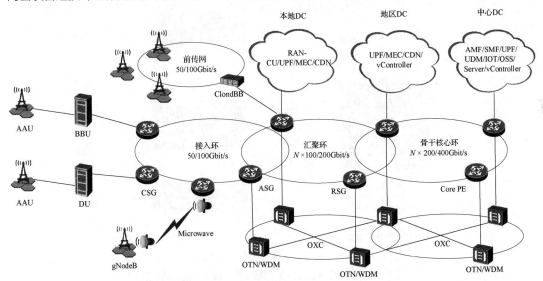

图 1-19　5G 承载网架构

部署为环形结构的目的是当环的一个方向出现故障，导致通信中断时，信息可以通过环的另一个方向继续传递，起到保护通信的作用。

环与环相交处部署双归设备的目的是防止设备因出现单点故障而影响通信，即当两个设备中的一个设备发生故障时，另一个设备继续发送信息，起到保护通信的作用。

为了满足 5G 业务超大带宽、超低时延、超高可靠性和超大接入能力的需求，5G 网络中的各种设备都在不断演进。5G无线设备以及核心网设备的演进使得5G承载网也在设备和解决方案方面实现了演进，以满足各种需求。下面分别介绍5G无线设备的演进和核心网设备的演进对承载网的影响。

1. 5G无线设备的演进

4G基站划分为基带单元（Base Band Unit，BBU）与射频拉远单元（Remote Radio Unit，RRU）两个功能单元，5G基站未来将分解为CU、DU和有源天线单元（Active Antenna Unit，AAU）三个功能单元，如图1-20所示。

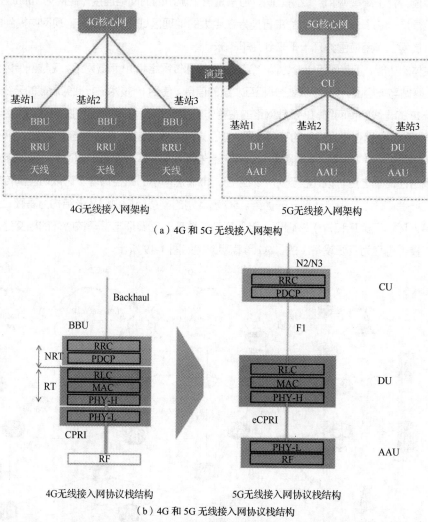

（a）4G和5G无线接入网架构

（b）4G和5G无线接入网协议栈结构

图1-20 从4G无线接入网到5G无线接入网的结构变化

其中，CU用于处理部分非实时性业务（如PDCP和RRC），即不需要快速处理的信息；DU用于处理实时性业务、调度、寻呼、广播等，即需要快速处理的信息；AAU放于室外，主要用于完成信号的中频处理、射频处理、双工等，即负责将手机等终端接入移动通信网络。

由于基站的拆分，无线接入网的部署形态也发生了相应的变化，CU、DU和AAU这三个功能单元可分可合，非常灵活。5G无线接入网的4种部署形态如图1-21所示。

① 部署形态 A：与传统 4G 部署形态一致，AAU 安装在铁塔上，CU/DU 合设，使用常规的 BBU，部署在接入机房中。

② 部署形态 B：AAU 安装在铁塔上，DU 部署在接入机房中，CU 部署在综合接入机房中，CU 和 DU 之间为中传网。

③ 部署形态 C：AAU 安装在铁塔上，DU 集中部署在综合接入机房中，CU 集中部署在汇聚机房中，AAU 和 DU 之间为前传网，CU 和 DU 之间为中传网，CU 和核心网之间为回传网。

④ 部署形态 D：AAU 安装在铁塔上，DU/CU 集中部署在综合接入机房中，AAU 和 DU/CU 之间为前传网，DU/CU 和核心网之间为回传网。

图 1-21　5G 无线接入网的 4 种部署形态

2. 核心网设备的演进

在 4G 阶段，核心网有很多功能单元且这些功能通常是由不同的硬件实体设备来实现的，这就造成 4G 核心网内部设备之间的互联比较复杂。在 5G 阶段，随着 NFV 技术的不断完善，很多由硬件实体设备实现的功能演变为由软件实现，核心网的组成简化为 CP 和 UP 两部分且这两部分可以实现硬件分离及分布式安装部署。CP 的主要功能之一是控制用户使用 5G 网络服务，UP 的主要功能是为用户提供 5G 网络服务。UP 可以根据用户需求下沉安装部署，即靠近基站安装，也就是更靠近用户，从而提供更低的信号传输时延和更好的业务体验。CP 传输的信息对时延等性能的要求不高，一般会安装部署在较高的网络位置，即距离基站更远，也就是更加集中，一套 CP 设备的服务范围可以覆盖一个城市甚至几个城市。

5GC 功能实现了软件化，安装部署实现了集中化，使得核心网更像一朵"云"，即核心网的云化。核心网云化和下沉部署给承载网带来的最大变化是连接的变化。在 4G 时代，基站到核心网的连接呈汇聚型，即用户信息由基站汇聚至核心网，网络中 95% 的流量由成千上万个基站汇聚部署在核心层的核心网中。而 5GC 下沉部署之后，单个基站存在到不同层级核心网的流量，如自动驾驶的信息会在下沉部署后的 UP 上进行处理，VR 信息则在距离基站更远的 UP 上进行处理。由于内容备份、虚拟机迁移等需要，不同层级核心网之间也存在信息交换，导致整个网络中的信息流量呈现网格化，即不同层级网元之间的连接多且复杂，呈网格状，如图 1-22 所示。同时，核心网的下沉部署并不是一蹴而就的，而是由 5G 业务发展需求、建网成本、用户体验等众多因素综合决定的。因此，网络结构会随着网络建设进度而逐步演进，导致设备之间的连接存在不确定性。为了应对网格化的连接，以及连接过程中的其他不确定性因素，承载网需要将三层网络下沉，即整个承载网需要实现路由功能。具备路由功能的承载网设备可以依据路由传输用户信息，就像人们利用地图或者导航系统可以自主决定走哪条路到达目的地一样。一旦整个承载网实现路由功能，承载网传输信息就会变得更加灵活。

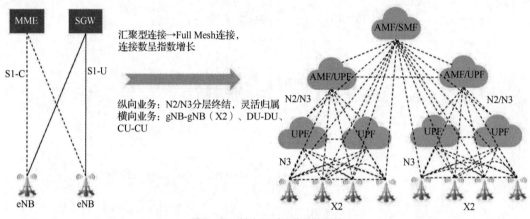

图 1-22　核心网对承载网的影响

由此可见，5G 无线设备和核心网设备为了满足业务的超大带宽、超低时延、超高可靠性和超大接入能力需求，在硬件方面发生了各种变化，导致 5G 承载网需要在设备和解决方案方面不断演进，以满足新的业务需求和网络运行维护需求。

1.3.2　5G前传网解决方案

前传网是用于连接 AAU 和 DU 的，可以有多种连接方式，常见的解决方案有 4 种，如图 1-23 所示。

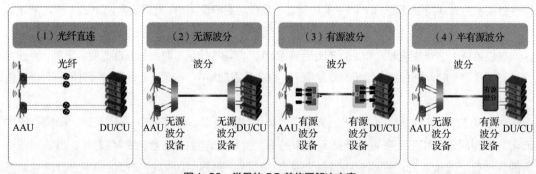

图 1-23　常见的 5G 前传网解决方案

（1）光纤直连方案：使用物理光纤直接连接，也称为光纤直驱，即使用物理光纤直接把 AAU 和

DU/CU 连接起来。

（2）无源波分方案：使用无源（无电源供电）波分设备直接连接，即在 AAU 和 DU/CU 之间安装无源波分设备，通过无源波分设备把 AAU 和 DU/CU 连接起来。

（3）有源波分方案：使用有源（有电源供电）波分设备直接连接，即在 AAU 和 DU/CU 之间安装有源波分设备，通过有源波分设备把 AAU 和 DU/CU 连接起来。

（4）半有源波分方案：AAU 侧安装无源波分设备，DU/CU 侧安装有源波分设备，通过无源波分设备和有源波分设备把 AAU 和 DU/CU 连接起来。

这 4 种解决方案采用的介质不同，在光纤消耗、故障定位、保护能力和建网成本等方面各有优劣，如表 1-2 所示。

表 1-2　常见的 5G 前传网解决方案的比较

解决方案	比较项目			
	光纤消耗	故障定位	保护能力	建网成本
光纤直连	多	复杂、耗时长	无	需投入光纤成本，费用最低
无源波分	较少	复杂、耗时长	无	需投入光纤、无源设备成本，费用较低
有源波分	少	简单、迅速	有	需投入有源设备成本，费用最高
半有源波分	少	简单、迅速	有	需投入半有源设备成本，费用较高

1.3.3　5G 中/回传网解决方案

DU 和 CU 之间的骨干承载网络称为中传网，CU 和核心网之间的网络称为回传网。中/回传网主要是指接入环、汇聚环和骨干核心环，以光纤传输为主。

在接入侧，除了采用光纤传输方式，还可以采用微波接入的方式满足末端接入的需求，即 5G 承载网中/回传无光纤场景。微波通信只是一种传输方式，类似于光通信、电缆通信和卫星通信，其利用微波作为信号载体。它使用的频段只是整个微波频段的一部分，常规频段为 3～42GHz，波长为 7～100mm。微波波长较微小，较易阻挡，所以微波为视距传输。5G 微波传输有 CA 微波、MIMO 微波和 SDB 微波等方式。

5G 中/回传光纤场景可以用 50GE 端口满足末端接入的需求。一方面，50GE 端口由于内置的光模块数量从 100GE 端口中的 4 个降低到了 1 个，因而大幅度降低了成本；另一方面，50GE 端口可以通过绑定的方式，非常方便地实现 100Gbit/s 的带宽且绑定的成本比 1 个 100GE 端口的成本低。

5G 中/回传网的解决方案主要有以下几种。

1. 网络切片方案

网络切片是对网络资源进行划分，切分出来的网络资源为特定用户或者业务提供特定的网络服务。网络切片方案的目的是将一个物理的承载网络切分成多个逻辑上相互独立的网络，不同的逻辑网络可以为不同的用户提供服务，也可以承载不同类型的业务，不同的逻辑网络能够独立进行管理，满足不同用户或者不同业务的差异化承载服务。

图 1-24 给出了基于 FlexE 的管道切片。因为 FlexE 采取了基于 TDM 的时隙分配方式，所以可以实现业务的完全独立隔离，可以实现 E2E 的硬管道切片，人们认为每个切片网络将会对应一类相

同或相似需求的业务，在每一个切片内部，都可以通过当前的 VPN、QoS 等机制实现不同用户的隔离。在管理和控制层面，每个分片也有独立的视图和资源分配。

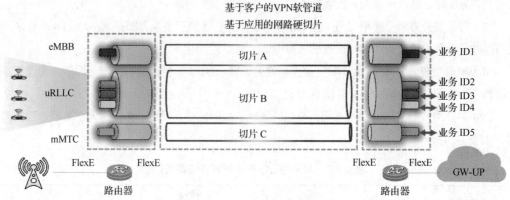

图 1-24　基于 FlexE 的管道切片

2. 敏捷运营方案

5G 移动网络将会增加更多的 5G 基站和核心网，它们之间的连接需要依靠承载网实现，因此 5G 承载网的配置和维护工作量增大了，复杂程度提高了。用户对 5G 移动网络服务提出了新需求，要求 5G 承载网能够快速响应新业务开通需求，并实现网络故障快速定位和恢复等，为了满足这些新需求，5G 承载网必须采用新技术实现敏捷运维。

敏捷运维的解决方案是通过融合管理功能、控制功能、分析功能于一体的新型管控平台——网络云引擎（Network Cloud Engine，NCE）实现的，如图 1-25 所示。利用 SDN 技术实现根据业务需求提供分钟级的自动化业务连接；实现自动计算承载路径、分配网络资源、网络切片的全生命周期（生成—调整—删除）的管理；实现跨自治域和跨厂商场景下的业务自动化快速部署。

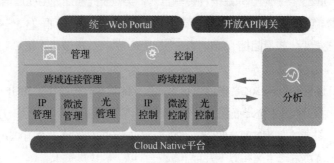

图 1-25　网络云引擎

总而言之，整个 5G 承载网实现的是 X-Haul 解决方案，具体如下所述。

（1）X 种业务创新：使用网络切片最大化网络价值。在网络建设初期，隔离保障专线/eMBB 业务；在建设中期，业务切片实现自动建立、自动删除和自动更改；在网络成熟期，可实现开放网络分片接口。

（2）X 种场景：实现最优总成本的大带宽接入方案。在有光纤的场景下，仅需增加 5G RAN 即可实现 4G/5G 共站快速布署，使用高性价比高的 50GE 端口，从而实现 10GE 到 100GE 的平滑升级；在无光纤场景下，为实现农村的广覆盖，可使用载波聚合（Carrier Aggregation，CA）微波和超双频段（Super Dual Band，SDB）微波等技术，将带宽提升为原来的 4 倍，可达到 10Gbit/s；前传网使用光传送网（Optical Transport Network，OTN）加大带宽，省省了 90% 的光纤。

（3）X 种灵活连接：即弹性承载，其可以弹性连接、汇聚至核心，可以平滑升级到 200GE/400GE，以及实现高精度同步。

（4）X 维无限智能：实现云化架构、大数据使能敏捷运营，从而达到自动化、自优化和自决策的目的。自动化是指跨 IP/光/微波等协同，业务分钟级上线；自优化是指网络资源可视、故障可"自愈"；自决策是指业务策略的自动生成。

现网中，5G 承载网的设备主要以分组传送网（Packet Transport Network，PTN）或者 IP 无线接入网（IP Radio Access Network，IPRAN）为主。在国内三家电信运营商中，中国移动使用 PTN 设备，为切片分组网（Slicing Packet Network，SPN），图 1-26 所示为中国移动 SPN 组网架构，SPN 基于以太网传输架构，继承了 4G PTN 传输方案的功能特性，并在此基础上进行了增强和创新；中国联通/中国电信使用 IPRAN 设备，图 1-27 所示为中国联通/中国电信 IPRAN 组网架构，其所采用的 IPRAN 2.0 方案利用原有的网络提升了端口接入和交换容量，并在隧道技术、切片承载技术和智能维护技术方面有了很大的改进和创新。

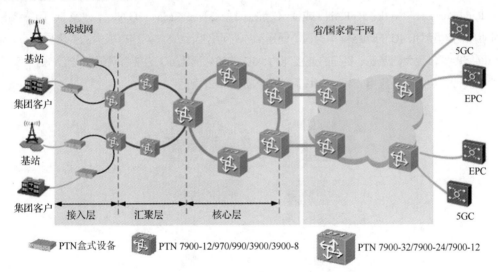

图 1-26　中国移动 SPN 组网架构

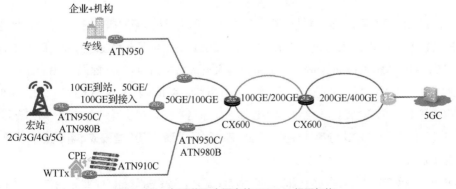

图 1-27　中国联通/中国电信 IPRAN 组网架构

1.4　5G 无线接入网架构

在移动通信的整体网络架构中，用户最熟悉的是无线网络部分，随处可见的各式各样的基站设备为移动用户提供了接入的无线网络信号。为了实现大面积的信号覆盖，需要很多无线基站设备，而由基站设备组成的无线网络架构会对无线业务的开展、运营和维护产生重要影响。

1.4.1　5G 组网架构

在 5G 网络建设的初期，由于运营商需要持续运营存量 4G 网络，同时要适应加快部署 5G 网络的需求，出现了两种不同的 5G 组网架构，即非独立（Non-standalone，NSA）组网和独立（Standalone，SA）组网。

首先回顾一下 4G 网络架构，4G 网络可以分为 3 个部分，即全 IP 的分组核心网（Evolved Packet Core，EPC）、演进的 UMTS 陆地无线接入网（Evolved UMTS Terrestrial Radio Access Network，E-UTRAN）及用户终端（User Equipment，UE）。5G 网络架构和 4G 网络架构类似，包括 5GC、5G 无线接入网络（5G Radio Access Network，5G RAN）或者 5G 新空口（5G New Radio，5G NR），以及 5G 用户终端。5G 的网络架构虽然和 4G 的网络架构类似，但是和 4G 网络相比，5G 网络有很大的变化与提升。5G 的无线网络能提供更大的带宽、更强的连接能力；5G 的核心网比 4G 的核心网更加灵活、更加智慧，能够适配各行各业的业务应用。4G 与 5G 网络架构如图 1-28 所示。

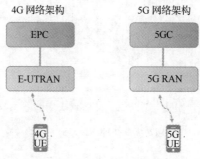

图 1-28　4G 与 5G 网络架构

如果移动通信网络只有无线基站，而没有核心网，则无法为用户提供业务，在 5G 部署初期，由于用户量较少，而建设 5GC 的成本比较高，因此运营商采用了一种过渡方案，即将 5G 基站连接到 4G 核心网，依赖 4G 核心网的原有功能架构及升级特性为 5G 用户提供 eMBB 业务。在此场景下，5G 基站不能独立提供业务，必须依赖于 4G 网络，因此被称为 NSA 组网，5G 的 NSA 组网实现方式如图 1-29（a）所示。显然，这种过渡方案是务实的，它使得只要有 5G 网络无线信号覆盖的地方就可以享受 eMBB 的高速业务，同时缩减了运营商的网络建设成本和周期，实现了新业务的快速部署。

5G 的 SA 组网方式是采用新建设的 5GC 和 5G 基站，提供完整的 5G 业务能力，包括 eMBB、

mMTC 和 uRLLC 业务能力，如图 1-29（b）所示。但是 5G 的 SA 组网架构需要运营商在 5G 网络建设初期投入大量的资源和费用，以建设 5GC 和大量 5G 基站，建设周期也会更长。

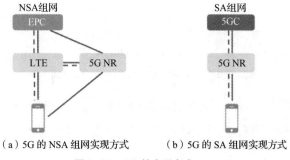

（a）5G 的 NSA 组网实现方式　　　　（b）5G 的 SA 组网实现方式

图 1-29　5G 的实现方式

NSA 组网与 SA 组网存在着演进关系，即 SA 组网为 5G 的目标网络架构，而 NSA 组网可平滑演进到 SA 组网。NSA 组网与 SA 组网的区别在于实现 5G 业务是否依赖于 4G 网络，NSA 组网需要 4G 网络的支持，而 SA 组网不需要 4G 网络的支持。

运营商在部署 5G 网络时，需要结合当前的网络现状和业务需求选择合适的 5G SA 或者 NSA 组网方式完成网络部署和业务实现。如何选择合适的组网方式呢？

在 5G 建设初期，运营商可以选择 NSA 组网，从而快速地部署 eMBB 业务，这种网络架构的特点是只需要建设 5G 无线网络，将 5G 基站接入 4G 核心网即可服务于 5G 用户。

NSA 组网方式的 Option 3 系列组网架构如图 1-30 所示，包括 Option 3、Option 3x、Option 3a 3 种不同的组网架构。

图 1-30（a）所示为 Option 3 组网架构，由此可知：4G 和 5G 双模终端，从 LTE eNB 建立控制平面信令，用户平面的数据转发也是从 LTE eNB 通过 X2-U 接口转发到 gNB 的，即控制平面和用户平面都锚定在 LTE eNB 上。Option 3 在逻辑上比较清晰，但在实际的工程部署中会面临一些问题：5G 用户的数据量会比原 4G 用户大很多，当数据由核心网向无线侧推送的时候，作为用户平面在 4G 侧分流会收到远超过其承载能力的数据流量，对 4G 现网的存量设备产生很大的冲击。要解决这个问题，需要花费大量的费用和时间对现有 4G 基站进行升级，因此此架构在实际工程中是不可取的。为此，协议标准在基于 Option 3 的基础上定义了 Option 3x 组网架构。

图 1-30（b）所示为 Option 3x 组网架构，控制平面锚定在 LTE eNB 上，而用户平面在 gNB 侧进行分流。控制平面 S1-C 由 4G 基站和 EPC 连接，5G 基站 gNB 和 4G 核心网 EPC 通过 S1-U 接口建立用户平面连接。5G 基站通常是新部署的设备，数据处理能力更强，可以处理用户大流量的数据，而 4G 基站只是在力所能及的情况下分担少部分的流量。因此，实际网络中推荐采用 Option 3x 组网架构。

Option 3a 组网架构如图 1-30（c）所示，这种架构由 4G 核心网 EPC 作为用户平面数据转发的锚点，核心网不能感知 4G 基站和 5G 基站的业务压力，也不能随着移动终端信号强度的变化调整分流比例，EPC 只能固定地设置发往 4G 基站和 5G 基站的数据比例，会影响用户的体验，因此其不是主流的组网架构。

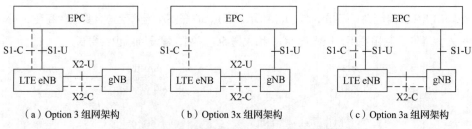

（a）Option 3 组网架构　　　　（b）Option 3x 组网架构　　　　（c）Option 3a 组网架构

图 1-30　NSA 组网方式的 Option 3 系列组网架构

随着 5G 网络的发展，运营商逐步推进 5GC 的部署，因此，出现了与 Option 3 系列组网架构类似的 Option 7 系列组网架构，包括 Option 7、Option7x、Option7a 共 3 种不同的组网架构，如图 1-31 所示。

考虑到 5G 无线覆盖还不够好，Option 7 系列组网架构仍然将 LTE 作为用户与网络连接的控制平面锚点，也就是说，终端仍然是从 LTE 侧接入的，同时将 LTE 基站升级为增强型基站（enhanced Long Term Evolution，eLTE），并接入 5GC，实现部分 5G 业务功能。根据用户平面数据分流点的不同，其又可以细分为 3 种：若用户平面分流在 eLTE eNB 侧，则为 Option 7 组网架构，如图 1-31（a）所示；若用户平面分流在 gNB 侧，则为 Option 7x 组网架构，如图 1-31（b）所示；若用户平面分流在 5GC 侧，则为 Option 7a 组网架构，如图 1-31（c）所示。

（a）Option 7 组网架构　　　　（b）Option 7x 组网架构　　　　（c）Option 7a 组网架构

图 1-31　Option 7 系列组网架构

需要注意的是，在 Option 7 系列组网架构中，用户仍然是从 eLTE 侧接入的，eLTE 提供控制平面的连接，gNB 不能独立工作，因此这种组网架构仍然属于 NSA 组网架构。Option 3 系列组网架构与 Option 7 系列组网架构的区别在于核心网由 4G 的核心网 EPC 变成了 5G 的核心网。

在基于 Option 7 系列组网架构的网络部署后，运营商会逐步完善 5G 无线覆盖和 5GC 的部署，这样端到端的 5G 网络就具备了。在这种情况下，5G 基站可以和 5GC 建立 NG 接口。同时，LTE 升级到 eLTE，并和其他 5G 基站之间建立 Xn 接口，这就是 Option 4 系列组网架构，如图 1-32 所示，包括 Option 4、Option 4a。

具备了端到端的 5G 网元后，5G 终端可以从 5G 基站接入并发起业务，数据流由 5G 基站来处理和转发，也可以向 4G 基站转发部分数据。对于这种组网架构，用户的控制平面锚点在 5G 侧，即用户从 5G 基站接入 5GC，用户平面的分流也在 5G 侧，即数据的分流由 5G 基站执行。这种组网架构被定义为 Option 4，如图 1-32（a）所示。

在 Option 4 系列组网架构中，如果由 5GC 进行用户平面数据的分流，分别把数据分流给 4G 基站和 5G 基站，则这种组网架构被定义为 Option 4a，如图 1-32（b）所示。

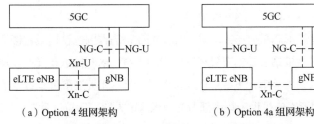

| （a）Option 4 组网架构 | （b）Option 4a 组网架构 |

图 1-32 Option 4 系列组网架构

了解了 5G 部署初期的 Option 3 系列、Option 7 系列和 Option 4 系列的组网架构之后，接下来看一下 5G 的最终目标组网架构。随着网络的日益成熟，4G 会逐渐退网，并将频谱释放出来给 5G 使用，5G 的最终网络架构会变成 5G 基站和 5GC 的简单网络架构，即 Option 2 组网架构，如图 1-33 所示。

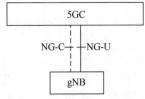

图 1-33 Option 2 组网架构

5G 的 SA 组网架构需要满足以下两个条件：一是必须要部署 5GC，二是 5G 基站和核心网之间必须建立控制平面连接。按照上述条件可知 Option 2、Option 4 系列组网架构均属于 SA 组网架构。

基于 5G 网络部署的不断发展，对组网架构的演进路线总结如下。

（1）在 5G 初期部署阶段，尚未部署 5GC，只部署了 5G 无线网络，用户以 LTE 作为锚点接入。在这种情况下，可以选择 Option 3 或 Option3x 组网架构。

（2）5G 核心网部署之后，可以基于 5GC 部署更加灵活的业务。由于 5G 无线网络覆盖还不够好，仍然采用 4G 网络作为控制平面信令的锚点，可以选择 Option 7、Option 7x 或者 Option 7a 组网架构。

（3）网络进一步演进，5G 网络覆盖逐步完善，用户以 5G 基站作为控制平面锚点，4G 基站只承担部分业务分流，可以选择 Option 4 或者 Option 4a 组网架构。

（4）随着 4G 逐渐退出现网，最终演进到 Option 2 组网架构。

1.4.2　5G RAN 部署架构

在移动通信网络中，无线基站是连接终端用户的设备，也是移动通信网络中数量最为庞大的网络设备。截至 2021 年 3 月，国内三家电信运营商的基站总数量已达到 935 万个。如此庞大的基站数量，不管是建设还是维护，对于运营商来说，费用都是非常高昂的。如何通过改变无线网络的架构降低大量基站在建设和运维方面的支出，是电信运营商十分关注的问题。在移动通信网络的不同发展阶段，无线网络架构也发生了变化，主要有分布式无线接入网（Distributed Radio Access Network，DRAN）、集中式无线接入网（Centralized Radio Access Network，CRAN）和面向未来的云化无线接入网（Cloud Radio Access Network，CloudRAN）。

无线网络中常见的基站形态是分布式基站，如人们在路边看到的铁塔或者楼顶安装的拉线塔就是典型的分布式基站。这种基站主要由安装在铁塔上的天线和射频拉远单元，以及安装在机柜内部的基带单元组成，其中射频拉远单元主要处理模拟信号，基带单元主要处理数字信号。分布式基站的优点：射频拉远单元的形态由机柜内集中部署的单板演进为独立的拉远模块，可以脱离机柜部署，部署方式更加灵活。如图1-34所示，因为RRU/AAU可以和BBU基于通用公共无线接口（Common Public Radio Interface，CPRI）采用光纤连接，所以射频拉远单元可以进行较长距离的拉远，从而使站点覆盖位置灵活可控。

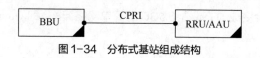

图1-34　分布式基站组成结构

在实际部署中，分布式基站适用于无线接入网的各种应用场景。如图1-35所示，在常见的各种室外站点场景中都可以部署分布式基站站型。

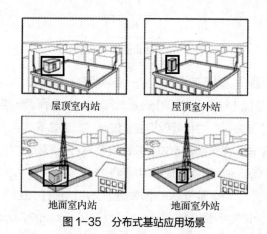

图1-35　分布式基站应用场景

在5G部署初期，基于成熟的硬件平台及安装运维习惯，5G基站仍然大量采用分布式基站站型，但是5G基站的部署有DRAN架构、CRAN架构和CloudRAN架构，本节将详细介绍这3种组网架构及其特点。

1. DRAN架构

DRAN是指每个站点都包含独立的BBU和RRU，是无线基站典型的部署架构。运营商在4G网络中大量采用DRAN方式部署基站，并将DRAN作为长期主流建网模式。因此，在5G网络部署中，DRAN也会长期被作为无线接入网的主要架构方案。

（1）DRAN架构部署

在DRAN架构中，针对每个无线基站，除需要提供业务的主设备（BBU和RRU/AAU）之外，还需要配套的供电设备、环境监控设备、传输资源及机房资源等。

在DRAN架构中，每个5G站点均独立部署机房，BBU安装在机房中，RRU/AAU安装在铁塔或者抱杆上，配电供电设备及其他配套设备也需要独立部署在该机房中，即要把整个 5G 站点的设备和配套资源集中部署在一间无线机房中，如图 1-36 所示。

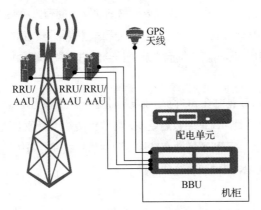

图 1-36　DRAN 站点部署

另外，在站点传输方面，基于 DRAN 架构，每个 5G 基站都需要配套独立的传输资源，5G 站点通过各种介质的 IP 传输网络连接到核心网，如图 1-37 所示。

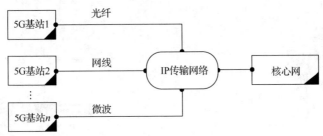

图 1-37　DRAN 传输网络

（2）DRAN 架构的优势

① 在 DRAN 架构中，BBU 与 RRU/AAU 共站部署，站点传输可根据站点机房实际情况采用微波或光纤等方案，可灵活组网。

② 采用 BBU 与 RRU/AAU 共站部署，BBU 和 RRU 之间的距离一般在 30m 以内，通过较短的 CPRI 的光纤即可实现直连，连接故障问题定位简单清晰且整体光纤资源消耗较少。

③ 若单站出现供电、传输方面的故障问题，则不会对其他站点造成影响。

（3）DRAN 架构的劣势

虽然 DRAN 架构组网灵活，单站故障对网络整体的影响较小，但其缺点也很明显，主要体现在以下 4 个方面。

① 站点配套独立部署，每个站点均需要配备独立的传输资源、电源模块、环境监控模块及时钟模块，投资规模大。

② 新站点在部署机房时，需要完成选址、基础设施建设等任务，因此建设周期长。

③ 站点之间资源相互独立，不利于实现资源共享。

④ 站点之间信令交互需要经传输网关转发，不利于站间业务高效协同。不同基站之间交互信令

消息时，需要通过 IP 传输网络中的路由器进行转发，容易导致时延过长，同时需要占用 IP 传输网络的宝贵资源。

受益于 2G/3G/4G 网络的长期建设，各电信运营商现网都拥有大量站点机房或室外一体化机柜，虽然 5G 网络采用更高的频率作为主覆盖频段会导致无线覆盖需要更多的站点，但是电信运营商在未来较长一段时间内仍会采用利旧与新建站点机房相结合的方式来部署 DRAN 架构的无线接入网。

2. CRAN 架构

基于 DRAN 架构部署 5G 基站在 5G 网络建设初期是一种主流的方式。但是随着 5G 站点的持续建设，考虑到 5G 站点数量会比 4G 站点数量更多，导致租赁站点资源以及新建站点资源的费用持续上涨；同时，DRAN 架构存在不利于各站点基带资源共享和站间业务协同等问题，在部署 5G 站点部署的时候，可以采用 CRAN 架构解决这些问题。

（1）CRAN 架构部署

在 CRAN 架构中，多个站点的 BBU 被集中部署在一个中心机房中，如图 1-38 所示，各站点的 RRU 通过前传光纤与中心机房 BBU 连接。通过 CRAN 架构集中部署多个 BBU 之后，可以共享机房资源、电源资源、环境监控资源，同时可以共享 GPS 同步信号，提升了资源利用率，降低了网络建设成本。

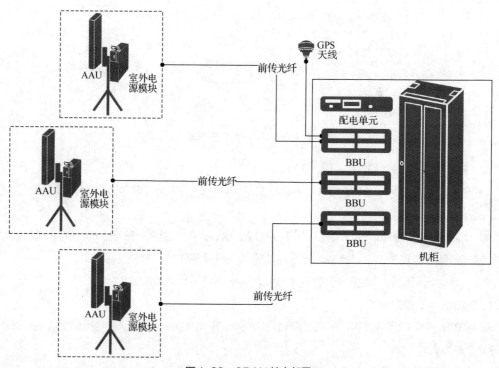

图 1-38　CRAN 站点部署

5G 基站的 RRU 通过光纤连接到中心机房，拉远距离可达数十千米。同时，室外的 RRU 可以配套室外电源模块，实现免机房安装，灵活部署在铁塔、抱杆或路灯杆上，降低了站点的租赁费用，从而减少了 5G 站点的部署成本。

在 5G 站点传输方面，IP 传输网络的设备直接部署在 CRAN 机房中，各 BBU 直接连接到传输接入设备的不同端口上，降低了 IP 传输网络的部署难度，如图 1-39 所示。

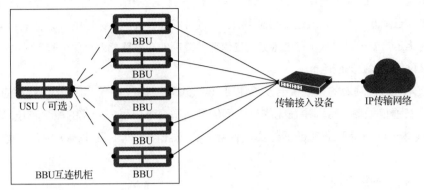

图 1-39　CRAN 传输组网

（2）CRAN 架构的优势

① 5G 的超密集站点组网会形成更多覆盖重叠区，CRAN 架构可以部署载波聚合（Carrier Aggregation，CA）、协作多点（Coordinated Multiple Point，COMP）和单频网（Single Frequency Network，SFN）等技术，以实现不同 5G 基站之间的高效协同，大幅提升无线网络的性能。

② CRAN 可降低站点获取难度。一方面，实现无线接入网络的快速部署，缩短建设周期；另一方面，在不易于部署站点的覆盖盲区更容易实现深度覆盖，如通过一些灯杆站实现弱覆盖区域的 5G 快速部署。

③ 可通过跨站点组建基带池，实现站间基带资源共享，资源利用更加合理、更加高效。

（3）CRAN 架构的劣势

虽然 CRAN 架构有诸多优势，但是大量 BBU 的集中部署导致该架构在工程实施上存在一些难点。

① BBU 和 RRU/AAU 之间形成长距离拉远传输，前传接口光纤消耗大，这些光纤主要是电信运营商的地埋光缆资源，会造成较高的光缆部署和维护成本。

② BBU 集中在少数几个中心机房中，单点安全风险高，一旦中心机房出现传输光缆故障或遇到水灾、火灾等问题，将导致大量基站出现故障和业务中断。

③ 要求集中部署 BBU 的中心机房具备足够大的设备安装空间和地面承重能力，同时需要中心机房具备完善的配套设施用于支持设备（如空调、蓄电池等）的散热、备电等。

由于不需要每个 5G 基站都建设机房，只需要通过中心机房和 RRU 就可以快速完成站点的部署和目标区域的覆盖，最终实现 5G 业务快速上线，CRAN 架构更适用于大容量、高密度话务区域（密集城区、园区、商场、居民区等），以及其他要求在短时间内完成基站部署的区域。

总体而言，目前电信运营商的 CRAN 站点比例远低于 DRAN 站点，但随着 5G 网络的发展，为了使站点更易于部署，同时为了能开通各项高效协同特性以提升无线网络性能，未来 CRAN 架构将会是 5G 接入网部署的选择。

3. CloudRAN 架构

随着移动互联网的快速发展，各种移动应用进入了人们的生活和工作，承载各种应用的云数据中心也正被越来越多的人所熟知。此外，随着信息技术的快速迭代，计算机的计算能力一直在提升，而使用成本却在降低。例如，通过使用通用服务器硬件，部署大型云数据中心的设备采购成本大大降低了；网络运营公司可以基于这些服务器提供的计算能力、存储能力及现有的虚拟化和云化技术快速部署各种差异化业务应用。

云化技术在 IT 领域的大规模普及不仅降低了设备采购成本，还可以实现业务的灵活快速部署。那么在通信领域，特别是在无线接入网领域，是否可以引入云化的概念和技术来降低通信设备的成本，同时提升业务部署的灵活性呢？在无线接入网的云化演进中又将面临哪些挑战呢？

（1）无线接入网重构需求

随着 2G/3G/4G/5G 网络的相继建设部署，整个移动通信网络越来越复杂，尤其是在无线接入网层面。对于一家运营商，2G/3G/4G/5G 的基站可能是向不同的设备商采购的，这些不同厂家、不同制式的基站通常无法统一维护和管理，需要厂家独立的备件和专门的维护团队，各厂家之间独立的网元构成了烟囱式架构，增加了网络建设与维护的成本，新的无线制式又不断引入新的通信频段，无线网络的组建越来越复杂。

同时，无线基站的形态越来越多样化，常见的有铁塔状的宏基站，有路灯杆、监控杆上安装的微基站，还有购物中心、写字楼等室内场所部署的室内分布式基站（简称室分基站），如图 1-40 所示。

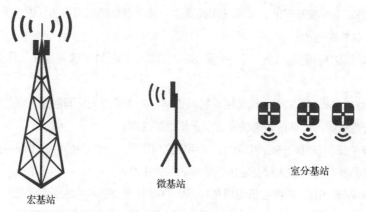

宏基站   微基站   室分基站

图 1-40　无线基站的形态

宏基站+微基站+室分基站混合组网形成异构网络，基站形态多样化，信号发射功率大小不一，不同形态的基站交叉组网，导致无线接入网的运维和优化难度越来越大，如图 1-41 所示。

5G 网络在部署初期要与多个无线系统协同共存，如需要和 2G/3G/4G 系统协同，需要高频毫米波与低频波段协同，甚至需要和 Wi-Fi 协同。5G 网络工作频段高、容量需求大，因此小区数和站点数也会大幅度增加，而大规模、高密度的 5G 网络本身也需要站点间、小区间的有效协同，从而提升网络整体的性能和效率。如果网络功能可以集中部署，并统一配置在云上，再通过开发功能实现智能化协同，则将极大地提升网络的运维效率和运维功能的灵活性。

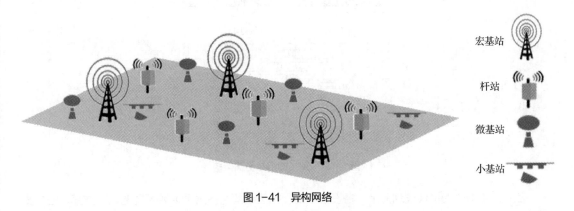

宏基站

杆站

微基站

小基站

图 1-41　异构网络

5G 网络的未来目标是实现网络切片即服务（Network Slicing as a Service，NSaaS），这样才能基于一个 5G 物理网络满足各行各业的差异化业务需求。5G 在无线侧需要功能扩展性非常强的架构来完成各个切片的逻辑划分，并实施高效管理，同时需要支持组建大范围基带资源池功能以提升资源利用率。

基于这些诉求，无线网络的云化在关于 5G 的讨论中总是被提及。业界希望在无线网络中有一个云化形态的实体，该实体既能够通过灵活的上层配置适配多种业务，又能够通过集中化资源共享协同来实现网络性能的提升。当然，在考虑云化的同时，也有对部分功能不进行云化的共识。在无线基站中，有些情况是难以云化的。第一种情况是需要将功能集中部署在云化的设施上，从而实现集中控制，适配多种业务场景，实现网络的协同。例如，无线网络中的射频信号处理功能（包括射频信号的收发、功率的放大等）无法通过通用的云化设备来实现，必须由专用的模块完成。第二种情况针对的是无线网络无法云化的模块。例如，对无线网络性能起到重要作用的空口物理层的处理，如信道编码、信道解码这些需要快速实时的专用设备的环节，也很难通过通用的云化平台代替。基于这两种情况，3GPP 考虑无线网络的云化时进行了架构的拆分处理。

（2）CloudRAN 架构的特点

鉴于面向未来的无线接入网重构的种种需求，5G 引入了全新的 CloudRAN 架构。

CloudRAN 架构引入了 CU 和 DU 分离的架构。CU 和 DU 分离的思想：将基站 BBU 的处理功能按照协议栈结构分割成实时处理部分和非实时处理部分，其中实时处理部分即 DU，仍保留在 BBU 中；非实时处理部分即 CU，通过虚拟化技术进行云化部署，如图 1-42 所示。通过这样的切分，把大量基站的非实时处理的功能集中部署在云平台上，实现了更大的处理资源池，提升了资源使用效率；同时，原本需要使用传输互联实现不同基站之间协同特性的需求变得简单，站间协同信息交互直接在云平台内部实现。CU 和 DU 之间形成了新的接口——F1（中传）接口，该接口的承载采取以太网传输方案。

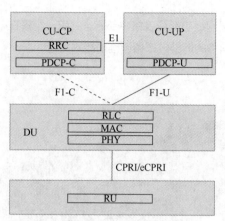

图1-42　5G CU/DU 分离架构

在 CU 和 DU 的协议栈划分上，各设备厂商及电信运营商提出了 8 种不同的切分方案，各方案主要考虑时延影响、实现复杂度、成本等因素，如图 1-43 所示。Option 1 表示将无线资源控制（Radio Resource Control，RRC）层划分到 CU，分组数据汇聚协议（Packet Data Convergence Protocol，PDCP）层及以下的协议层划分到 DU；Option 2 表示将 PDCP 层及以上的协议层划分到 CU，将无线链路控制（Radio Link Control，RLC）层及以下的协议层划分到 DU；Option 3/4/5/6/7/8 分别表示在 RLC 层内部、RLC 层和介质访问控制（Media Access Control，MAC）层之间、MAC 层内部、MAC 层和物理层之间、物理层内部、物理层和空口之间进行 CU-DU 的切分。

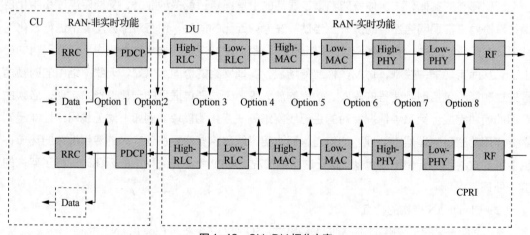

图1-43　CU-DU 切分方案

3GPP R15 标准明确采用 Option 2，即基于 PDCP 层/RLC 层的 CU-DU 切分方案。

PDCP 层具有数据复制和路由的作用，电信运营商选择 NSA 组网时（这里以 Option 3x 架构为例，Option 3x 的详细描述请参考 1.4.1 节），用户平面数据从核心网下发到无线侧时，会在 5G 基站的 PDCP 层完成数据分流。如图 1-44 所示，若 CU 非云化组网，则核心网下发的用户平面数据到达 5G 基站之后分流给 LTE 基站的部分用户平面数据需通过 X2 接口转发，此时必须迂回到传输网关再向 LTE 基站发送。该流量迂回会给承载网增加不必要的流量负担，也增加了用户平面分流数据的传输时延。

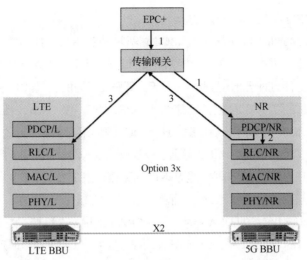

图 1-44　CU 非云化部署造成 5G 到 LTE 的流量迂回

如果 LTE 和 5G 都进行 CU-DU 分离且 CU 统一云化集中部署，则用户平面数据分流在 CU 内部即可完成 X2 转发，不会形成承载网数据迂回。因此，把 PDCP 层划分到 CU，同时 CU 云化集中部署，更适合 NSA 组网中的用户平面 5G 分流（Option 3x）架构。

（3）CloudRAN 架构部署

确定 CU-DU 协议功能划分方案和 CU 云化集中部署架构之后，CloudRAN 架构还需要考虑 CU 和其他网元的对接（如 UPF），以及 CU 和 DU 的位置部署、DU 和 RF 之间的前传接口部署等问题。图 1-45 所示为 CloudRAN 整体架构。

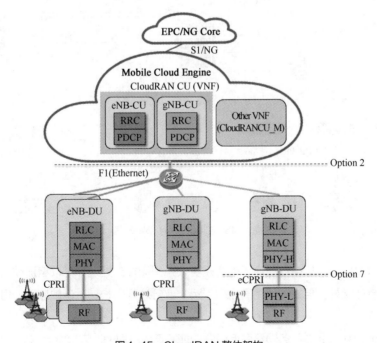

图 1-45　CloudRAN 整体架构

CloudRAN 架构主要有以下两种解决方案。

① 移动云引擎（Mobile Cloud Engine，MCE）解决方案。由于 CU 的功能属于基站功能的一部分，所以部署 CU 的云数据中心一般位于边缘云或区域云。除了 CU 网元之外，该数据中心还需要部署 UPF 和 MEC 服务器。对于低时延业务（以无人驾驶业务为例），当 DU 侧将用户平面上行数据送到 CU 完成相应处理之后，CU 需要将数据转发到 UPF，UPF 再将数据转发至相应的无人驾驶 MEC 服务器中，产生控制命令再反向下行将数据发送至 DU。因此，部署了 CU 的云数据中心采用 MCE 方案时，该方案包含了 CU、UPF、MEC 服务器以及其他接入侧一系列的虚拟化网络功能集合，这些功能在形态上安装在通用的服务器中，遵从 NFV 架构和云化特征。

② CU 和 DU 位置部署解决方案。一般而言，DU 仍然保留在基带板中，部署在 BBU 侧。但实际上，DU 的部署可以采用传统的 DRAN 架构或者 CRAN 架构，这和 CU 的部署位置有关。

如图 1-46 所示，在 Option 2 中，CU 部署在边缘数据中心（某些极低时延业务场景）或者部署在中心机房中（下挂的 BBU 数量较少，CU 集中程度不高），DU 一般适宜采用 DRAN 架构部署；在 Option 1 中，CU 部署在区域数据中心（大量 CU 高度集中部署），DU 的部署可以采用 CRAN 架构或者 DRAN/CRAN 架构并存。

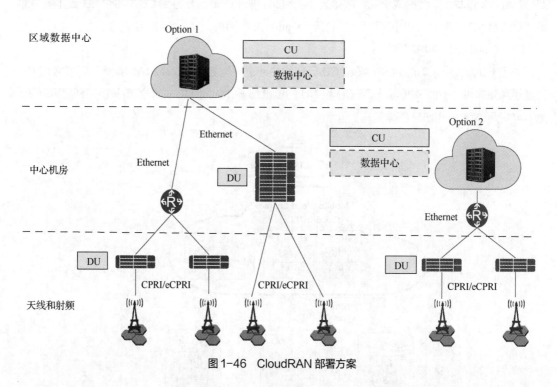

图 1-46　CloudRAN 部署方案

在 Option 1 中，CU 集中程度高，能实现更大范围的控制处理，可以组成较大规模的基带资源池，资源共享效果好；但是 CU 距离用户较远，业务时延较长，时延敏感型业务不适合使用该方案。

而在 Option 2 中，MCE 服务器更靠近用户，时延低，能很好地支持时延敏感型业务；但是资源池规模小，无法大范围共享基带资源，有些中心机房需要改造才能部署通用服务器。

（4）CloudRAN 架构的优势

实现 CloudRAN 架构将大大增加无线接入网的协同程度及资源弹性，便于统一简化运维。总体来说，CloudRAN 架构的优势如下。

① 统一架构，实现网络多制式、多频段、多层网、超密网等多维度融合。

② 集中控制，降低无线接入网复杂度，便于制式间/站点间高效业务协同。

③ 5G 平滑引入，双连接实现极致用户体验，同时避免了 4G 和 5G 站点间可能出现的数据迂回导致的额外传输投资和传输时延。

④ 软件与硬件解耦，开放平台，促进业务敏捷上线。

⑤ 便于引入人工智能以实现无线接入网切片的智能运维管理，适配未来业务的多样性。

⑥ 云化架构实现资源池化，网络可按需部署，弹性扩/缩容，提升了资源利用效率，控制投资风险。

⑦ 适应多种接口切分方案，可满足不同传输条件下的灵活组网。

⑧ 网元集中部署，节省空间，降低了运营支出（Operating Expense，OPEX）。

CloudRAN 架构采用 CU 和 DU 分离的部署方式，通过 CU 功能的云化，使其既能够通过灵活的上层配置适应不同业务的需求，又能够通过集中化资源共享协同实现网络性能的提升。因此，能够适应越来越复杂的无线覆盖环境，更好地满足垂直行业的各类差异化业务需求的 CloudRAN 架构应该是 5G 无线接入网未来发展的方向。

本章小结

本章主要介绍了 5G 网络端到端的部署架构，包括 5G 端到端整体网络架构、5G 核心网架构、5G 承载网架构以及 5G 无线接入网架构。

5G 端到端整体网络架构主要介绍了 5G 网络云化部署的原因、5G 云化网络架构，以及实现 5G 网络云化部署的 NFV 和 SDN 技术。

5G 核心网架构首先介绍了 5G 核心网中各单元的基本功能，继而讨论了 5G 核心网的 SBA、CUPS 架构和切片架构的基本概念及内容。

5G 承载网架构主要介绍了 5G 承载网的基本概念、分类和功能，阐述了 5G 无线设备以及核心网的演进对 5G 承载网的影响，还分别讨论了 5G 承载网中的前传网、中/回传网解决方案。

5G 无线接入网架构首先介绍了 5G 网络的非独立组网和独立组网两种场景，以及 Option 3、Option 7、Option 4、Option 2 的无线网络部署和演进路线，继而讨论了目前在无线网络中广泛采用的 DRAN、CRAN 和 CloudRAN 这 3 种组网架构。

希望读者在学习完本章后可以了解 5G 网络端到端的整体部署架构，熟悉 5GC、5G 承载网和 5G 无线接入网的基本概念。本章知识框架如图 1-47 所示。

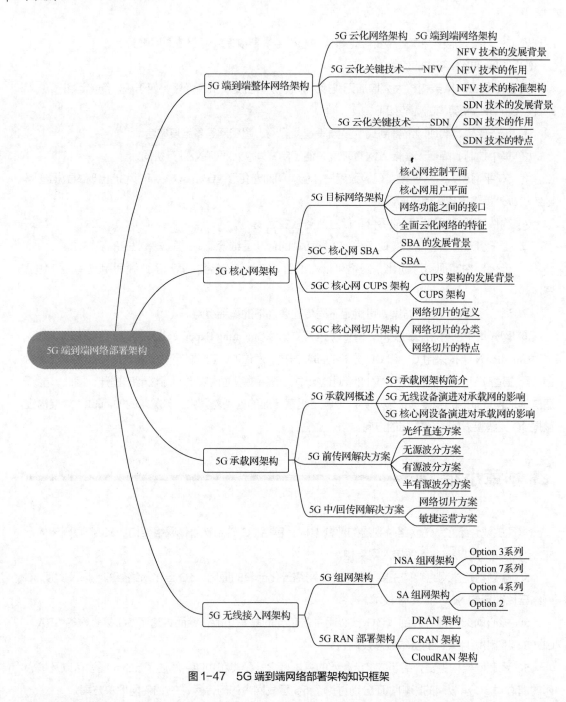

图1-47　5G端到端网络部署架构知识框架

课后练习

一、单选题

（1）下列可用于5G的无线接入网部署的组网方式是（　　　）。

　　A．DRAN　　　　　B．CRAN　　　　　C．CloudRAN　　　　D．以上都可以

（2）下列不是 DRAN 架构优势的是（　　　　）。

    A. 可根据站点机房实际条件灵活部署回传方式

    B. BBU 和射频单元共站部署，前传消耗的光纤资源少

    C. 单站出现供电、传输方面的问题时，不会对其他站点造成影响

    D. 可通过跨站点组基带池实现站间基带资源共享，资源利用更加合理

（3）下列不是 CRAN 架构劣势的是（　　　　）。

    A. 前传接口光纤消耗大

    B. BBU 集中在单个机房中，安全风险高

    C. 站点间资源独立，不利于资源共享

    D. 要求集中机房具备足够大的设备安装空间

（4）5G 基站的 DU 不包含（　　　　）。

    A. PDCP 层　　　　B. RLC 层　　　　C. MAC 层　　　　D. 物理层

（5）在 5G 网络中，CU 和 DU 之间形成的一段承载网被称为（　　　　）。

    A. 前传网　　　　B. 中传网　　　　C. 回传网　　　　D. 以上都不对

（6）uRLLC 业务对网络的需求是超高可靠性与超低时延，要求端到端时延是（　　　　）。

    A. 10ms　　　　B. 1ms　　　　C. 5ms　　　　D. 2ms

（7）5G 时代承载网的关键挑战不包括（　　　　）。

    A. 实现一网专用　　B. 降低建网成本　　C. 提升连接灵活性　　D. 提升运营效率

（8）SMF 在网络中的功能是（　　　　）。

    A. 会话管理　　　　B. 接入管理　　　　C. 计费管理　　　　D. 事件通知

（9）AMF 在网络中的功能是（　　　　）。

    A. 会话管理　　　　B. 接入管理　　　　C. 计费管理　　　　D. 事件通知

二、多选题

（1）前传网的解决方案包括（　　　　）。

    A. 光纤直驱　　　　B. 无源波分　　　　C. 有源波分　　　　D. 半有源波分

（2）网络切片方案依赖于切片技术，切片技术的主要功能包括（　　　　）。

    A. 物理资源切片　　　　　　　　B. 物理带宽速率绑定

    C. 低时延转发　　　　　　　　　D. 更复杂的转发技术

（3）以下属于 5GC 关键技术的有（　　　　）。

    A. Cloud Native　　B. 切片　　　　C. MEC　　　　D. 语音连续性

（4）以下属于 5GC 架构特性的有（　　　　）。

    A. NFV　　　　B. CUPS　　　　C. SBA　　　　D. SDN

（5）5G 目标网络架构的特点有（　　　　）。

    A. 全融合云化网络　　　　　　　B. 服务化架构

    C. 分布式架构　　　　　　　　　D. 端到端网络切片

（6）在 5G 基于系统功能的架构中，属于控制平面功能的有（　　）。

    A．AUSF   B．AMF   C．SMF   D．UPF

三、简答题

（1）若采用 CRAN 组网且 BBU 之间互联，则该方案有何优、缺点？

（2）请简述 CloudRAN 架构对于 5G 网络的价值。

（3）请简述 Option 3 系列架构与 Option 7 系列架构的异同。

（4）CU 非云化部署是如何造成 5G 到 LTE 的流量迂回的？

（5）请简述 eCPRI 方案是如何降低前传接口带宽规格的。

第 2 章
5G 站点设备调测

基站在完成硬件安装并上电后即可进入调测阶段，以完成基站的开通验证。5G 站点的调测有多种方式，使用的调测平台也有很多种，在现网部署中，运营商会结合效率和成本这两大指标来选择合适的调测方式。

本章将对 5G 站点设备调测的基本原理、不同调测方式的操作流程、所使用的设备平台进行详细介绍。

本章学习目标

- 了解 5G 基站调测的不同方式
- 掌握 5G 基站调测的原理
- 掌握不携带辅助设备的远端 MAE 的调测流程
- 掌握近端 LMT+远端 MAE 调测的操作流程

2.1 5G 基站调测概述

在移动通信中，基站在完成硬件安装上电，并确保基站的传输网络正常、与核心网的对接正常后，便可进入基站的调测阶段。基站调测是指完成基站硬件安装和初始配置（即脚本制作完成）后，对基站进行的一系列调试与初步验证的过程，最终达到基站按设计要求正常工作的目的。在进入基站调测之前，需要做以下准备和确认工作。

（1）基站硬件已经完成安装，包括基带处理单元、射频及相关配套硬件等。

（2）待调测站点的数据已经配置完成，即已获取待调测站点的开站 XML 数据脚本。

（3）已经获取基站目标版本的软件包及调测许可证。

（4）核心网 AMF、UPF 正常运行且和基站之间的传输对接完成。

2.1.1 5G 基站调测方式

5G 基站调测可以通过多种方式完成，目前典型的 5G 基站调测方式有不携带辅助设备的远端 MAE 调测和近端 LMT+远端 MAE 调测两种。

1. 不携带辅助设备的远端 MAE 调测方式

这种调测方式是指基站上电后，操作人员远程通过移动自动引擎（MBB Automation Engine，MAE）

的即插即用功能完成调测任务。整个调测任务包括以下 4 个阶段。

（1）自动发现阶段：基站与 MAE 通过动态主机配置协议（Dynamic Host Configuration Protocol，DHCP）自动建立操作维护（Operation Maintenance，OM）链路。

（2）自动配置阶段：OM 链路建立成功后，进入自动配置阶段，完成基站的软件升级和配置更新。

（3）工程质量检查：操作人员通过天馈驻波、鸳鸯线、互调干扰检测以及 CPRI 连线检测，检验基站的第三方工程安装质量。

（4）站点验证：操作人员检测基站设备、时钟和小区等的状态，以确认基站是否运行正常。

2. 近端 LMT+远端 MAE 调测方式

这种调测方式是指基站上电后，操作人员通过近端的本地维护终端（Local Maintenance Terminal，LMT）和远端 MAE 完成调测任务。整个调测任务包括以下 3 个阶段。

（1）配置阶段：操作人员在近端通过 LMT 完成基站的软件升级和配置更新，基站按照更新后的配置数据与 MAE 建立 OM 链路。

（2）工程质量检查阶段：操作人员通过 LMT 执行人机语言（Man-Machine Language，MML）命令或 MAE 即插即用功能的工程质量检查项来完成基站的工程质量检查。

（3）站点验证阶段：操作人员通过 MAE 即插即用功能的站点验证检测基站设备、时钟和小区等的状态，以确认基站是否运行正常。

表 2-1 对比了以上两种调测方式，可见两种调测方式各有特点，在不同的调测场景下需要选择不同的调测方式进行基站的调测。

表 2-1　两种调测方式对比

调测方式	基站绑定方式	所需物料	不可用时间（Downtime）
不携带辅助设备的远端 MAE 调测	绑定电子序列号（Electronic Serial Number，ESN）	无	Downtime 较长，一般超过 30min
	扫描条码枪	条码枪、打印机	
近端 LMT+远端 MAE 调测	无	便携机	Downtime 较短

总之，若采用不携带辅助设备的远端 MAE 调测方式，则操作人员主要在远端维护中心通过 MAE 的即插即用功能完成基站的调测任务，近端现场工程师协助完成必要的检查和验证任务。这种调测方式的自动化程度高、人工技能要求低且节约开站成本，但是需要依赖传输网络，开站时间通常比较长，一般超过 30min。如果使用条形码绑定基站，则需要使用条码枪和打印机。若采用近端 LMT+远端 MAE 调测方式，则近端现场工程师通过 LMT 完成基站的软件升级和数据配置文件加载，待传输到位后，操作人员在远端维护中心通过 MAE 监控完成其他的调测任务，并和近端现场工程师合作完成必要的检查和验证任务。这种调测方式对于单个基站来说开站时间短且操作人员可以直接通过 MML 命令对调测过程中出现的问题进行定位；但是这种调测方式自动化程度低，操作人员需要近端上站，对于大批量的站点来说，调测效率低且对人工技能要求高。目前，5G 网络中主要采用绑定

ESN 的、不携带辅助设备的远端 MAE 调测方式。

2.1.2　5G 基站调测平台

由前面的内容可知，5G 基站的调测方式可以分为远端调测和近端调测两种，不携带辅助设备的远端 MAE 调测方式属于远端调测，使用的调测平台是 MAE；近端 LMT+远端 MAE 调测方式以近端调测为主、远端调测为辅，近端使用的调测平台是 LMT，远端使用的调测平台是 MAE。如图 2-1 所示，近端调测时，操作人员需要在基站侧通过网线登录 LMT，近端上站；远端调测时，基站通过 IP 传输网络与 MAE 服务器相连，远端可以通过 MAE 客户端直接登录，无须上站。

图 2-1　5G 基站调测组网

下面对两种调测方式对应的调测平台 MAE 和 LMT 进行详细介绍。

1. MAE

（1）MAE 的基本介绍

MAE 就是人们常用的网管，4G 时代的网管为 U2000，后面升级为 U2020，面向 5G 的网管平台称为 MAE，它是服务于 5G 时代，应用于无线网络部署、维护、优化、业务发放的全场景化 App。MAE 可以有效降低电信运营商的运营支出，优化业务体验和运营效率，加速电信运营商工作流的全场景自动化，助力电信运营商实现智慧网络。

（2）MAE 的使用方法

登录 MAE 后，在浏览器的地址栏中输入 "https:/<IP 地址>:31943"，单击 "Enter" 按钮，进入 MAE 登录界面，如图 2-2 所示。在登录界面中，输入用户名和密码，单击 "登录" 按钮，进入 MAE 主界面，如图 2-3 所示。

图 2-2　MAE 登录界面

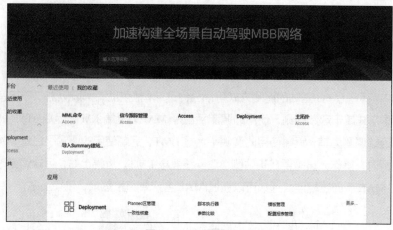

图2-3　MAE主界面

在 MAE 主界面的 APPS 子界面中，选择"Access"选项，选择"更多"选项，进入 MAE Access 界面，其中的"SON"→"即插即用"就是日常基站调测所需的功能，如图 2-4 所示。

图2-4　"即插即用"功能

2. LMT

（1）LMT 的基本介绍

LMT 主要用于辅助开站、近端定位和排除故障。在基站与 MAE 通信正常的情况下，建议对基站的操作维护都在远程网管中心执行。但由于 MAE 管理了多个网元，当需要从基站实时获取信息来深度定位问题时，使用 MAE 可能会遇到性能问题，此时可以使用 LMT 对基站进行操作维护。

（2）LMT 的使用方法

近端登录 LMT 需要工程师携带便携 PC、网线和维护转接线上站，其中维护转接线一端连接到基站的主控板 UMPT 单板的 USB 接口上，另一端与便携 PC 相连。图 2-5 所示为近端连接到 gNB。

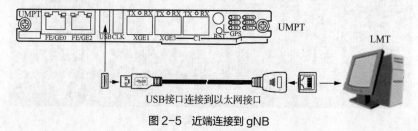

图2-5　近端连接到 gNB

gNB 的近端维护 IP 地址为 192.168.0.49，近端连接到 gNB 后，设置便携 PC 侧的本地 IP 地址与近端维护 IP 地址在同一网段，再打开便携 PC 的浏览器，在其地址栏中输入 gNB 的近端维护 IP 地址，进入 LMT 登录界面，如图 2-6 所示。在 LMT 登录界面中输入用户名、密码及验证码，用户类型选择"本地用户"，单击"登录"按钮，进入 LMT 主界面，如图 2-7 所示。

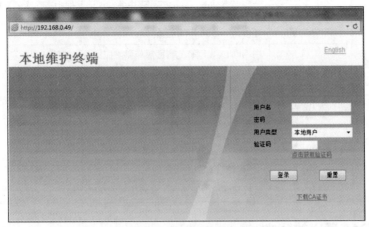

图 2-6　LMT 登录界面

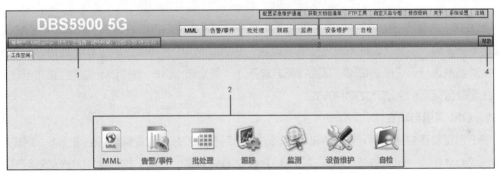

图 2-7　LMT 主界面

LMT 主界面主要由状态栏、功能栏、菜单栏和帮助 4 个组件构成。表 2-2 所示为 LMT 主界面中各个组件对应的字段名和功能说明。

表 2-2　LMT 主界面中各个组件对应的字段名和功能说明

编号	组件	字段名	功能说明
1	状态栏	—	显示登录用户的类型、用户名、连接状态和网元时间信息
2	功能栏	MML	执行 MML 命令
		告警/事件	进行当前活动告警/事件查询、告警/事件日志查询和告警/事件配置查询
		批处理	批量执行 MML 命令
		跟踪	管理基站跟踪功能
		监测	管理性能监测功能
		设备维护	管理设备功能
		自检	管理自检功能

续表

编号	组件	字段名	功能说明
3	菜单栏	配置紧急维护通道	选择该选项后，在进入的界面中可对需要紧急维护的目标基站进行配置
		获取文档包清单	选择该选项后，界面的列表中会呈现该产品版本对应的文档包版本
		FTP 工具	提供可下载的 FTP 工具
		自定义命令组	由 MML、LMT 的界面操作和虚拟命令构成的一个自定义命令组，该命令组用于将命令添加到选定的命令组中，以便 admin 用户为权限受限的用户增加操作权限
		修改密码	支持用户修改当前密码
		关于	显示基站的版本信息
		系统设置	设置自动锁定时间和跟踪监测文件保存路径
		注销	退出当前 LMT 登录界面
4	帮助	帮助	可打开联机帮助资料，获取相关的帮助信息

2.1.3 OM 通道的建立

基站 OM 通道是指基站与 MAE 之间用于传递基站管理和维护信息的通道，即基站和 MAE 之间的操作维护通道。不管是远端调测还是近端调测，基站和 MAE 之间都会建立 OM 通道，以便日常维护中对基站进行远程维护管理。基站调测方式不同，基站和 MAE 间的 OM 通道的建立方式也不同，主要有自建立和手动建立两种方式。

1. OM 通道自建立

OM 通道自建立是指网元在硬件安装完成并上电后，在没有任何传输配置的情况下，通过传输网络获取 OM 通道的配置信息，并自动与 MAE 建立 OM 通道的过程。这种建立方式常应用于不携带辅助设备的远端 MAE 调测场景。在远程基站调测流程中，只有建立了基站和 MAE 之间的 OM 通道，才能进行后期软件/配置文件的下载、激活和调测等操作，完成基站的调测。图 2-8 所示为 OM 通道自建立过程在站点调测流程中所处的位置。其中，OM 通道自建立过程需要用到 DHCP。

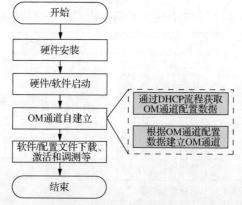

图 2-8 OM 通道自建立过程在站点调测流程中所处的位置

OM 通道自建立之前，基站没有配置任何数据，无法与网络中的其他设备进行 IP 层的端到端通信。因此，基站在获取 OM 通道信息（包括 OM IP 地址、OM VLAN ID、接口 IP 地址、接口 IP 地址掩码、下一跳网关 IP 地址、MAE IP 地址、MAE IP 地址掩码等）后，才能与网络中的其他设备进行 IP 层的端到端通信。

基站通过 DHCP 可以获取上述 OM 通道信息，DHCP 是实现主机动态配置的协议，可以完成配置参数的分配和分发。DHCP 采用客户端/服务器（Client/Server，C/S）模式进行工作，流程中会涉及以下几种逻辑网元。

（1）DHCP Client：利用 DHCP 获取配置参数的主机。

（2）DHCP Server：为 DHCP Client 分配和分发配置参数的主机。

（3）DHCP Relay Agent：在 DHCP Server 和 DHCP Client 间传输 DHCP 报文的设备。当 DHCP Client 和 DHCP Server 不在同一广播域时，DHCP Server 和 DHCP Client 间需要部署 DHCP Relay Agent。

在 5G 基站调测流程中，DHCP Client 为 gNB，DHCP Server 为 MAE。下面来看一下在实际的基站调测网络中使用 DHCP OM 通道自建立的流程，如图 2-9 所示。

图 2-9　OM 通道自建立的流程

通过图 2-9 可以看出，在基站的 OM 通道自建立之前还需要有其他的信息互通流程。基站必须先上电，一般基站主控板上的 DHCP 开关默认开启。目前网络中采用了 VLAN 组网，如果基站没有检测到可用的 OM 通道且 DHCP 开关开启，则会进入 VLAN 学习阶段来获取 VLAN 信息。目前，国内电信运营商均采用非安全组网，在这种组网方式中，MAE 完成创建即插即用调测任务之后，会主动向待开基站所在的网段发送探测报文，此报文携带 VLAN 信息，DHCP Relay 服务器（一般设置在网关上）收到报文后会在网段中以广播形式发送给基站，基站就会获取到网关的 VLAN 信息。

基站获取 VLAN 信息后，先尝试发送不带 VLAN ID 的 DHCP 报文，再尝试发送携带 VLAN ID 的 DHCP 报文。通过与基站网关、DHCP Server 交互 DHCP 报文，基站获取到 OM 通道信息，并在基站上生效。其中，DHCP 交互报文的主要流程如下。

（1）基站发送 DHCP Discover 报文（对应图 2-9 中的步骤 6），该报文携带了基站的 ESN 信息，但此时基站无 IP 地址，也无路由配置，因此该报文只能通过广播方式发送到 DHCP Relay 服务器中，DHCP Relay 服务器再通过路由发送到 MAE 中。

（2）MAE 收到 DHCP Discover 报文后，为基站分配临时 IP 地址并封装在 DHCP Offer 报文中（对应图 2-9 中的步骤 8），通过路由将该报文发送给 DHCP Relay 服务器，DHCP Relay 服务器通过广播方式将报文发送给基站。

（3）基站接收到 DHCP Offer 报文之后保存临时 IP 地址，并发起 DHCP Request 报文（对应图 2-9 中的步骤 10），该报文经 DHCP Relay 服务器转发给 MAE。

（4）MAE 回复 DHCP ACK 报文（对应图 2-9 中的步骤 12），确认 DHCP 交互完成。基站收到 DHCP ACK 报文之后，临时 IP 地址生效，完成传输底层的配置和通往 MAE 的路由配置，并自动建立 gNB 和 MAE 间的 OM 通道（对应图 2-9 中的步骤 14）。

OM 通道建立后，基站通过 OM 通道下载 MAE 服务器中准备好的基站版本软件、调测许可证、基站配置文件，并激活配置，配置激活成功后，基站调测即完成（对应图 2-9 中的步骤 17）。

在 DHCP 报文交互的过程中，MAE 是通过什么来识别待调测的基站的呢？其识别方式和表 2-1 中的基站的绑定方式有关，即通过绑定 ESN 识别或通过条码枪扫描条形码识别。现有网络中使用了绑定 ESN 的方式，即每个基站的 ESN 都是唯一的，在 DHCP 报文交互的每一步中都带有基站的 ESN，MAE 已经提前获取待开站点的 ESN，只要其与报文携带的一致，就可以进行 DHCP 报文的交互，并完成 OM 通道的自建立。

2. OM 通道手动建立

OM 通道手动建立适用于近端 LMT+远端 MAE 调测场景，在近端基站调测前，需要使用 MML 命令"SET DHCPSW"将"远端维护通道自动建立开关"设置为"DISABLE（禁用）"，并在基站侧使用 MML 命令"ADD OMCH"手动添加 OM 通道的配置信息。

2.1.4 MML 命令

MML 是基站日常调测维护中的操作命令，可实现整个基站的操作维护。不管是在不携带辅助设备的远端 MAE 调测场景中还是在近端 LMT+远端 MAE 调测场景中，都会用到 MML 命令。

MML 命令的格式为"动作+对象"，如"ACT CFGFILE"表示激活配置数据。基站调测中常用的 MML 动作及其含义如表 2-3 所示，常用的 MML 命令及其含义如表 2-4 所示。

表 2-3 基站调测中常用的 MML 动作及其含义

MML 动作	含义
DSP	查询状态信息
LST	查询配置信息

续表

MML 动作	含义
ACT	激活
DLD	下载
ULD	上传
SET	设置

表 2-4 基站调测中常用的 MML 命令及其含义

MML 命令	含义
DLD CFGFILE	下载配置文件
ACT CFGFILE	激活配置文件
DLD SOFTWARE	下载基站版本软件
ACT SOFTWARE	激活基站版本软件
DSP NRDUCELL	查询 NR DU 小区状态
DSP NRCELL	查询小区状态
DSP BRD	查询单板状态
DSP GPS	查询 GPS 状态
LST ALMAF	查询活动告警

一般情况下，基站调测过程中会通过 MML 命令查询基站相关对象的状态，尤其是基站小区的状态，基站调测完成的基本要求就是基站无告警且小区建立成功，这时就可以开始进行业务拨测了。

了解了 5G 基站的调测方式、调测平台和调测中对应的 OM 通道的建立方式及涉及的 MML 命令后，接下来将详细介绍前面所介绍的两种调测方式的具体流程。

2.2 不携带辅助设备的远端 MAE 调测

本节将围绕不携带辅助设备的远端 MAE 调测方式展开介绍。

2.2.1 调测流程

在不携带辅助设备的远端 MAE 调测中，基站在调测前准备阶段和调测执行阶段都要遵循既定的操作流程，下面对其进行简单介绍。

1. 调测前准备阶段

在调测前准备阶段中，远端维护中心操作人员和近端现场工程师都需要按照图 2-10 所示的流程分别进行调测前的准备工作。需要注意的是，不携带辅助设备的远端 MAE 调测虽然是远程调测，但是也需要近端现场工程师协助完成一些近端操作。

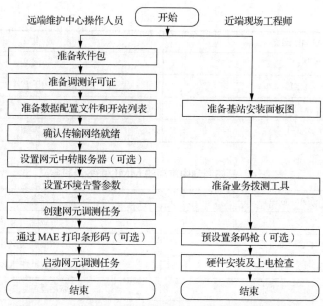

图 2-10 不携带辅助设备的远端 MAE 调测前准备阶段的流程

在图 2-10 所示的流程中，"通过 MAE 打印条形码（可选）"和"预设置条码枪（可选）"这两步操作是通过绑定基站的站点标识（Deployment Identifier，DID）来标识待开站点，在现网中，一般以绑定基站的 ESN 来标识待开站点，这样在开站中就不需要使用其他工具了，直接将待开站的 ESN 上报给远端维护中心操作人员即可。若没有特殊说明，本书以绑定基站的 ESN 方式为例进行相关内容的讲解。

2. 调测执行阶段

在调测执行阶段，远端维护中心操作人员和近端现场工程师需要按照图 2-11 所示的流程分别实施调测操作。

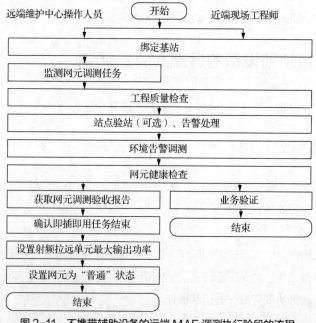

图 2-11 不携带辅助设备的远端 MAE 调测执行阶段的流程

2.2.2　调测前准备阶段操作

调测前需要准备好基站目标版本的软件包、调测许可证、数据配置文件、开站列表、基站安装面板图等，确认传输网络就绪，设置网元中转服务器，设置环境告警参数，准备业务拨测工具，完成硬件安装及上电检查，并通过 MAE 创建和启动网元调测任务，其中 MAE 侧网元等组件适配层需要正常安装和运行。下面详细介绍调测前每一步的操作准备。

1. 准备软件包

调测前需要将基站目标版本的软件包上传到 MAE 服务器中。此时需要联系华为服务工程师获取目标版本的软件包，将其解压缩并保存在本地计算机中。

（1）启动 MAE 客户端，选择"SON"→"即插即用"选项，如图 2-12 所示，进入即插即用界面。

图 2-12　选择"即插即用"选项

（2）根据上传的软件类型，选择对应的页签，"软件版本和冷补丁"页签如图 2-13 所示。

图 2-13　"软件版本和冷补丁"页签

（3）单击"传输"按钮，选择"从 OSS 客户端上传到 OSS 服务器"选项，系统弹出"网元文件传输"对话框，如图 2-14 所示。

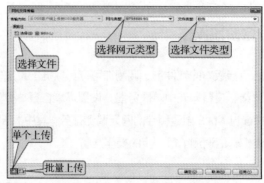

图 2-14 "网元文件传输"对话框

（4）根据需要选择进行"单个上传"或"批量上传"操作。

（5）单击"确定"按钮，关闭"网元文件传输"对话框，系统开始上传文件。

2. 准备调测许可证

使用调测许可证开通 NR 业务时，必须将调测许可证上传到 MAE 服务器中。需要注意的是，在同一种网元类型下，只能上传一份调测许可证文件，再次上传调测许可证文件时，新文件会覆盖原有文件。

（1）启动 MAE 客户端，选择"SON"→"即插即用"选项，进入即插即用界面。

（2）选择"文件和数据准备"→"许可证"→"调测许可证"页签，如图 2-15 所示。

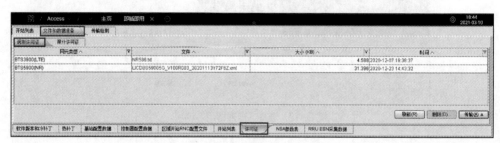

图 2-15 "调测许可证"页签

（3）单击"传输"按钮，选择"从 OSS 客户端上传到 OSS 服务器"选项，系统弹出"上传调测许可证"对话框，如图 2-16 所示。

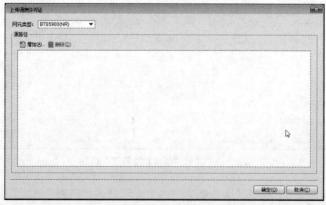

图 2-16 "上传调测许可证"对话框

（4）在"源路径"选项组中单击"增加"按钮，系统弹出"选择文件"对话框。选择需要上传的文件，单击"打开"按钮，返回"上传调测许可证"对话框，单击"确定"按钮，系统开始上传文件。

3. 准备数据配置文件和开站列表

在调测前，现场工程师需要通过 MAE-Deployment 完成待开站网元的数据配置，导出待开站点的数据配置文件和开站列表。

（1）启动 MAE 客户端，选择"SON"→"即插即用"选项，进入即插即用界面。

（2）上传待开站的数据配置文件到 MAE 服务器中，如图 2-17 所示。

图 2-17　上传待开站的数据配置文件

（3）上传待开站的开站列表到 MAE 服务器中，如图 2-18 所示。

图 2-18　上传待开站的开站列表

4. 准备基站安装面板图

为了便于完成调测任务，现场工程师需要了解基站各单板模块的安装信息。基站安装面板图描述了基站各单板模块的安装槽位及连线信息。

5. 确认传输网络就绪

OM 通道自建立依赖于传输网络是否满足配置要求。调测前，远端维护中心操作人员需要检查

OM 通道组网及网络设备是否满足对应场景的配置要求。远端维护中心操作人员可以通过以下两种方式检查传输网络是否已满足 OM 通道自建立要求。

（1）向负责传输的部门确认基站的传输网络是否已满足 OM 通道自建立要求。

（2）检查网络的连通性，以及检查各节点是否按照要求进行了配置，这两项检查的具体实施方式如下。

① 网络的连通性检查：如果传输网络中的各节点允许 ping 数据包通过，则可以依次 ping 各节点的对应端口，确认各节点间的传输通路已经就绪。

② 网络各节点的配置检查：核查各节点设备是否已根据要求进行了配置，确保基站的 OM 自建立流程能够正确进行。

6．设置网元中转服务器

如果网元和 MAE 服务器间有防火墙，那么网元不能直接和 MAE 服务器建立 FTP 连接，此时需要设置中转服务器。中转服务器用于存放网元的软件包，并为需要升级的网元提供 FTP 服务器。软件升级时，网元从设定的中转服务器中获取需要下载的软件包。gNB 支持设置中转服务器，中转服务器设置为 MAE 服务器或第三方 FTP 服务器即可，默认设置为 MAE 服务器。

（1）启动 MAE 客户端，选择"软件"→"中转服务器设置"选项，系统弹出"中转服务器设置"对话框，如图 2-19 所示。

图 2-19 "中转服务器设置"对话框

（2）在图 2-19 左侧的导航树中选中需要设置中转服务器的网元，并在右侧的"网元名称"下拉列表中选择要设置中转服务器的网元的名称。

（3）单击"中转服务器名称"列，在其列表框中选择一个网元作为该网元文件传输的中转服务器。

（4）单击"应用"按钮，激活设置。

7. 设置环境告警参数

在确认基站和外部告警设备的连线已完成安装，并已规划好自定义告警后，操作人员可以根据实际需要，在允许的范围内设置环境告警参数，增加自定义告警。

（1）在 MAE 的主菜单中选择"监控"→"告警监控"→"网元告警设置"选项，进入网元告警设置界面，如图 2-20 所示。

图 2-20　网元告警设置界面

（2）在图 2-20 左侧导航树中选择"用户自定义告警"选项，在右侧选择"告警定义"页签，单击"增加"按钮，弹出"增加自定义告警"对话框。

（3）在"增加自定义告警"对话框的左侧导航树中选择网元类型，在右侧按照规划数据设置自定义告警参数，包括自定义告警的"名称""ID""级别"和"类型"，如图 2-21 所示。

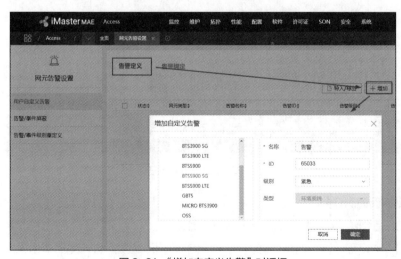

图 2-21　"增加自定义告警"对话框

（4）单击"确定"按钮，返回"告警定义"页签，当前页签中显示的便是新增的自定义告警记录。

（5）单击"应用"按钮，保存自定义告警。

8. 准备业务拨测工具

业务拨测是指通过测试终端验证开站后能否正常进行业务实现。业务拨测工具包含 5G 手机、5G 客户终端设备等常见测试终端，具备锁频功能的普通终端或者客户要求的商用终端，并要确保测试用的终端测试卡已经在 5GC 侧开户。

9. 完成硬件安装及上电检查

基站硬件安装完毕后，在基站调测前，近端现场工程师必须对基站的硬件设备进行安装及上电检查。这个操作也可以在基站调测执行阶段和其他近端操作一起完成。

（1）确认基站硬件设备（如机柜、线缆、天馈和附属设备等）已完成安装，并通过安装检查。

（2）确认基站已上电，并通过上电检查。

10. 创建网元调测任务

使用 MAE 客户端导入开站列表即可创建网元调测任务。

（1）启动 MAE 客户端，选择"SON"→"即插即用"选项，进入即插即用界面，如图 2-12 所示。

（2）在即插即用界面中创建网元调测任务，如图 2-22 所示，在即插即用界面的右上角单击①所示的图标，弹出"导入开站列表"对话框，在该对话框中设置"从客户端"导入基站的开站列表（注意，如果基站的开站列表已经上传到 MAE 服务器中，则可以设置"从服务器"导入基站的开站列表），单击②所示的"确定"按钮，即可完成网元调测任务的创建。创建成功的网元调测任务会在即插即用界面的"开站列表"页签中显示。

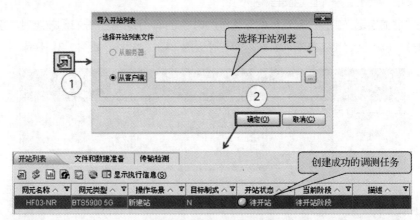

图 2-22 创建网元调测任务

11. 启动网元调测任务

网元调测任务创建完成后即可启动网元调测任务。

（1）启动 MAE 客户端，选择"SON"→"即插即用"选项，进入即插即用界面，如图 2-12 所示。

（2）启动网元调测任务，如图 2-23 所示，在即插即用界面的"开站列表"页签中可以选择一个或多个调测任务，如①所示，右键单击对应调测任务会弹出对应操作，选择"开始"选项，弹出"参数设置"对话框，如②所示，具体步骤说明可参考表 2-5，设置完后单击"确定"按钮，即可启动网元调测任务。

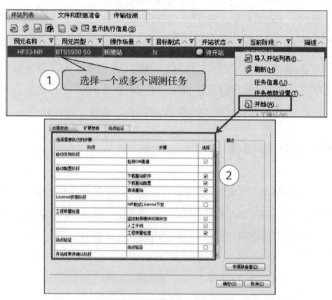

图 2-23　启动网元调测任务

表 2-5　不携带辅助设备的远端 MAE 调测步骤说明

序号	阶段	步骤	是否勾选
1	自动发现阶段	检测 OM 通道	系统根据任务场景自动判断是否勾选该复选框
2	自动配置阶段	下载基站软件	如果需要升级主控板的软件版本，则勾选该复选框
		下载基站配置	如果需要更新主控板的配置或者为新开站场景，则勾选该复选框
		激活基站	如果勾选了"下载基站配置"复选框，则系统自动勾选该复选框； 如果只勾选了"下载基站软件"复选框，则需要人工勾选该复选框； 如果只勾选了"下载基站软件"或"下载基站配置"中的一个复选框，则仅激活勾选的项目； 如果同时勾选了"下载基站软件"和"下载基站配置"复选框，则同时激活软件和配置
3	License 安装阶段	NR 制式 License 下发	如果开通 NR 制式业务，则必须勾选该复选框
4	工程质量检查	监控射频模块可用状态	如果进行工程质量检查，则系统自动勾选该复选框
		人工干预	如果进行工程质量检查，则系统自动勾选该复选框
		工程质量检查	建议勾选该复选框

续表

序号	阶段	步骤	是否勾选
5	站点验证	站点验证	建议勾选该复选框
6	开站结束待确认 阶段	开站结束待确认	系统自动勾选该复选框

调测任务启动后，MAE 自动对一个或多个网元进行调测。MAE 的即插即用功能最多支持同时启动 500 个调测任务。当启动的调测任务大于 300 个时，仅 300 个调测任务处于正在执行状态，其余调测任务处于等待状态。如果已经完成的调测任务没有人工确认任务完成，则会处于等待状态，只有人工确认任务完成后，处于等待状态的剩余调测任务才会自动开始执行。

2.2.3 调测执行阶段操作

不携带辅助设备的远端 MAE 调测在调测执行阶段的操作主要有绑定基站、监控网元调测任务、工程质量检查（可选功能）、站点验证（可选功能）、告警处理、环境告警调测、业务验证、获取网元调测验收报告、确认即插即用任务结束、设置射频模块最大输出功率、设置网元为"普通"状态。下面介绍各操作环节的详细内容。

1. 绑定基站

绑定基站的方法有两种，分别是通过 DID 绑定基站和通过 ESN 绑定基站。通过 DID 绑定基站时，需要采用条码枪扫描条形码的方式进行绑定。通过 ESN 绑定基站时，近端现场工程师将基站的 ESN 上报给远端维护中心操作人员，远端维护中心操作人员根据此 ESN 绑定基站。

ESN 出厂时贴于 BBU 上，如果 BBU 的 FAN 模块上没有标签，则 ESN 打印在 BBU 挂耳上，如图 2-24（a）所示。近端现场工程师可以手工记录 ESN 和站点信息，并上报给远端维护中心操作人员。如果 BBU 的风扇模块上挂有标签，则 ESN 同时打印在标签和 BBU 挂耳上，如图 2-24（b）所示。近端现场工程师可将标签取下，在标签上标有"Site"的页面中记录站点信息，并上报给远端维护中心操作人员。

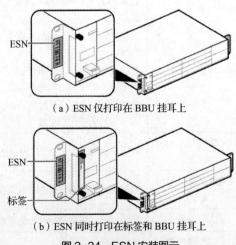

（a）ESN 仅打印在 BBU 挂耳上

（b）ESN 同时打印在标签和 BBU 挂耳上

图 2-24　ESN 安装图示

绑定基站需要近端现场工程师和远端维护中心操作人员相互配合。

（1）近端现场工程师将每个站点的位置与 ESN 的对应关系上报给远端维护中心操作人员。

（2）远端维护中心操作人员的主要操作如下。

① 启动 MAE 客户端，选择"SON"→"即插即用"选项，进入即插即用界面，如图 2-12 所示。

② 在调测任务列表中选择待开站网元所对应的调测任务，双击"电子串号"列，将 ESN 修改为现场工程师上报的 ESN，如图 2-25 所示。

图 2-25　修改电子串号

2. 监控网元调测任务

调测任务启动后，远端维护中心操作人员可以根据界面显示的信息监控调测任务是否正常执行并排查相关问题。在 MAE 网元调测主界面中，"开站状态"列用于显示调测任务当前的状态，"当前阶段"列用于显示调测任务当前的阶段，如图 2-26 所示。

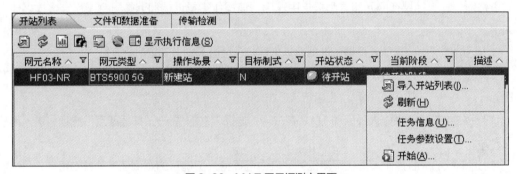

图 2-26　MAE 网元调测主界面

（1）观察"开站状态"信息。如果"开站状态"为"开站进行中"，则说明调测任务正在正常执行。

（2）观察"当前阶段"信息。查看调测任务当前所处阶段，调测任务所处阶段包含自动发现阶段、自动配置阶段、工程质量检查阶段和站点验证阶段 4 个，其具体介绍如下。

① 自动发现阶段：基站绑定成功后，基站自动与 MAE 建立 OM 通道。OM 通道建立成功后，"描述"列会显示 OM 通道已连接信息。

如果调测任务长期处于自动发现阶段，则说明基站与 MAE 之间的 OM 通道建立失败，可以依次检查基站绑定标识（ESN）配置是否正确、传输网络配置是否正确、传输网络连接是否正常。故障排除后右键单击，选择"重新开始"选项，重新执行调测任务。

② 自动配置阶段：基站自动从 MAE 下载目标软件包、数据配置文件、调测许可证（可选），并复位激活。

如果基站遇到异常，则"开站状态"列显示为"异常"，可通过"描述"列显示的信息确认异常产生原因，并根据原因排查对应问题。调测过程中，一次调测任务只能下载一次基站软件，如果需要通过调测任务重新下载基站软件，则必须重新创建调测任务。

③ 工程质量检查阶段：依次完成射频模块状态监控、人工干预和工程质量检查3个子步骤。

a. 射频模块状态监控：MAE定时检查基站的所有射频模块是否已经准备就绪，以便进行后续的人工干预和工程质量检查。如果射频模块在60min内没有全部准备就绪，则调测任务进入异常状态。此情况下，可通过MML命令检查射频模块的状态并排查相关故障。故障排除后右键单击，选择"重新开始"选项，重新执行调测任务。

b. 人工干预：射频模块状态监控通过后，MAE停留在人工干预阶段，等待操作人员执行工程质量检查。

c. 工程质量检查：可在开站期间检查出天馈的主要施工质量问题，包括驻波比、鸳鸯线、互调干扰，这在下一步操作中会详细描述。

④ 站点验证阶段：完成站点运行状态检查。

3. 工程质量检查（可选功能）

工程质量检查是可选功能，用户在启动网元调测任务阶段选中该功能后，MAE会自动启动工程质量检查，检查结果在网元的调测报告中输出。该操作需要近端和远端配合操作，具体操作内容如下。

（1）远端维护中心操作人员确认近端现场工程师已经进入安全无辐射的区域。

（2）远端维护中心操作人员执行MML命令"UBL NRDUCELL"，解闭塞新开通网元的所有小区。

（3）远端维护中心操作人员启动MAE客户端，选择"SON"→"即插即用"选项，进入即插即用界面。

（4）远端维护中心操作人员在调测任务列表中选择待人工确认的调测任务项并右键单击，选择"人工确认"选项，单击"确定"按钮。

（5）远端MAE进行天馈驻波检测、天馈鸳鸯线检测和天馈互调干扰检测。检测过程大概需要30min。

（6）待MAE检测完成后，远端维护中心操作人员应查看调测任务状态。如果调测任务为"待确认结束"状态，则说明工程质量检查已经通过；如果调测任务状态为"异常"，则需要获取网元调测报告查看哪些射频端口的工程质量存在问题，并联系近端现场工程师排查故障。

（7）近端现场工程师检查相关射频端口，并排查问题。待故障排除后，近端现场工程师联系远端维护中心操作人员继续执行调测任务。

（8）远端维护中心操作人员继续执行调测任务。在调测任务结束后，执行步骤（6）。

4. 站点验证（可选功能）

站点验证可在开站期间检查基站状态是否正常，包括基站软/硬件运行状态、光功率、单板状态、GPS、时钟、告警、条码信息、版本信息、NR小区运行信息、NR License状态和NR NG接口状态的检查。站点验证是可选功能，用户在启动网元调测任务阶段选中该功能后，MAE会自动启动站点进行验证，检查结果在网元的调测报告中输出。

当 MAE 执行到站点验证阶段时，会自动执行站点验证的检查项，各检查项的说明如表 2-6 所示。

表 2-6　站点验证的各检查项的说明

站点验证检查项	检查内容
基站软/硬件运行状态	查询基站软件运行状态和射频通道状态
光功率	查询基站所有单板的光模块动态信息
单板状态	查询单板状态
GPS	查询 GPS 信息
时钟	查询时钟状态
告警	查询基站活动告警
条码信息	基站硬件设备的条码采集，包括 ALD 设备
版本信息	查询软件版本
NR 小区运行信息	查询 NR 小区运行信息
NR License 状态	查询 NR License 状态信息
NR NG 接口状态	查询 NR NG 接口状态

站点验证过程中需要注意以下两点。

（1）站点验证过程中不能修改网元配置数据，否则可能导致站点验证失败或结果有误。

（2）站点验证检测过程不超过 30min 且站点验证结果不影响最终的开站结果。

5. 告警处理

新开通的网元通常会产生一些活动告警，在调测阶段需要解决全部的活动告警。

（1）远端维护中心操作人员在 MAE 上查看当前告警，进入当前告警界面，选择"过滤"选项，查看当前告警，如图 2-27 所示。

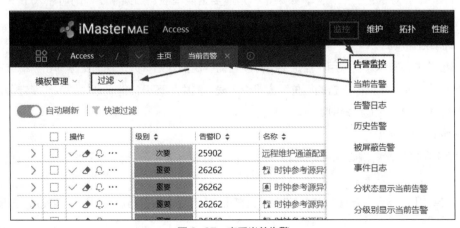

图 2-27　查看当前告警

（2）在"过滤"窗口中选择"告警源"页签，选择"自定义选择"选项，选择"增加告警源"选项，设置告警源为"网元"，如图 2-28 所示，系统打开"网元"窗口。

（3）在"网元"窗口左侧的"未选择对象"导航树中选择正在调测的网元。

（4）在"过滤"窗口中单击"确定"按钮，返回当前告警界面。

（5）远端维护中心操作人员依次确认每条告警是否与新开通网元相关，并查看调测报告中是否含有活动告警，若有，则处理活动告警，并联系近端现场工程师协助处理相关告警。

图 2-28　设置告警源

需要注意的是，如果单板的 ALM 灯处于常亮状态且 RUN 灯处于快闪（0.125s 亮，0.125s 灭）状态，请勿更换单板。此时，单板正在加载软件或进行数据配置。待 RUN 灯处于非快闪状态后，观察 ALM 灯是否仍旧常亮，如果是，则需要更换单板；如果不是，则可进入下一个项目进行检查。

6. 环境告警调测

远端维护中心操作人员将用户自定义的环境告警绑定到基站，近端现场工程师和远端维护中心操作人员配合检查环境监控设备的相关配置是否正确。其中，环境告警又分为绑定环境告警和检查外部环境告警两种，其流程分别如下。

（1）绑定环境告警

① 启动 MAE 客户端，选择"监控"→"告警监控"→"网元告警设置"选项，如图 2-20 所示。

② 选择"用户自定义告警"选项，选择"告警绑定"页签，增加自定义告警绑定关系，如图 2-29 所示。

图 2-29　增加自定义告警绑定关系

③ 选中告警绑定记录，单击"应用"按钮，将选中的绑定关系应用到网元上。单击"增加"按钮，弹出"添加网元绑定"对话框。

④ 系统弹出信息框提示用户操作成功或失败。

（2）检查外部环境告警

人工触发若干外部环境告警后，如果能正常上报告警，则说明对环境监控设备的相关配置是正确的。

① 近端现场工程师使用双绞线对 UPEU 单板上的告警端口进行环回，远端维护中心操作人员查看 MAE 上是否收到了对应端口的环境告警上报信息。

② 近端现场工程师取消当前测试端口的环回，远端维护中心操作人员查看 MAE 上对应端口的告警是否已经取消。

③ 重复执行上述两步，当 UPEU 单板的 8 个告警端口均测试正常后，即完成待开站网元的环境告警调测。

7．业务验证

NR（gNB）使用网页浏览、文件上传、文件下载的方式进行业务验证。在进行业务验证前需要确认被调测 gNB 到 AMF/UPF 传输准备就绪，AMF/UPF 中已增加被调测 gNB 的协商数据，用于验证业务的 FTP 服务器准备就绪，用于验证业务的 WWW 服务器准备就绪，测试终端已经在核心网侧开户，测试终端已准备就绪且测试终端可正常工作。

在 NR 调测中，近端现场工程师需要验证以下业务。

（1）验证网页浏览业务：使用手机访问 WWW 服务器，浏览网页，测试 20 次。

预期结果：成功率>95%，浏览网页正常。

（2）验证文件上传业务：使用手机访问 FTP 服务器，上传文件，测试 10 次。

预期结果：成功率>90%，上传速率稳定。

（3）验证文件下载业务：使用手机访问 FTP 服务器，下载文件，测试 10 次。

预期结果：成功率>90%，下载速率稳定。

一般而言，在进行业务验证前需要保证站点配置准确且站点没有任何告警。如果业务验证不成功，则需要联系远端维护中心操作人员核查站点的配置，以及确认站点是否有告警，近端现场工程师需要确认基站近端硬件及其安装是否有问题。解决所有问题后，再次进行业务验证。

8. 获取网元调测验收报告

基站完成调测且所有活动告警都处理完毕后，需要向局方提交网元调测验收报告。

（1）获取网元当前的调测报告，选择"SON"→"即插即用"选项，进入即插即用界面，在调测任务列表中选择需要导出报告的一个或多个调测任务并右键单击，选择"导出开站报告"选项，如图 2-30 所示。

（2）确认调测报告中的"工程质量检查"阶段的内容为通过，基站处于正常状态且不包含活动告警。

（3）保存调测验收报告，并将其作为网元调测验收报告提交。

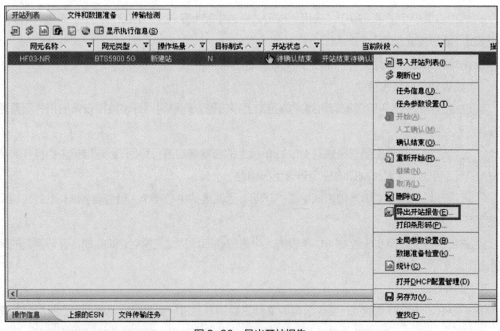

图 2-30　导出开站报告

9. 确认即插即用任务结束

当网元通过工程质量检查后，调测任务即进入"待确认结束"状态，等待人工确认调测结束。

（1）启动 MAE 客户端，选择"SON"→"即插即用"选项，进入即插即用界面。

（2）在调测任务列表中选择需要确认结束的一个或多个调测任务并右键单击，选择"确认结束"选项，确认调测完成。

10. 设置射频模块最大输出功率

为了符合当地监管部门的功率限定要求，根据实际需要，可设置射频模块的最大输出功率。射频模块的最大输出功率由电信运营商提供，设置射频模块最大输出功率的相关操作如下。

（1）执行 MML 命令"DSP RRU"，查询射频模块的柜号、框号、槽号及发射通道号。

（2）执行 MML 命令"DSP TXBRANCH"，根据步骤（1）中查询到的柜号、框号、槽号及发射通道号信息，查询该射频模块的"发射通道硬件最大输出功率"。

（3）执行 MML 命令"LOC RRUTC"，设置射频模块的最大输出功率。

（4）执行 MML 命令"RST BRD"，复位射频模块。如果有多个射频模块，则需要对每个射频模块进行复位操作。

（5）执行 MML 命令"DSP TXBRANCH"，查询所有射频模块的最大输出功率是否设置成功。如果设置成功，则任务结束；如果未设置成功，则需要确认设置的最大输出功率是否超过了射频模块硬件所支持的范围，并重新设置射频模块的最大输出功率。如果再次设置失败，则需要联系华为技术服务中心寻求帮助。

11. 设置网元为"普通"状态

完成网元调测任务后，远端维护中心操作人员需要在 MAE 的"维护"→"网元工程状态"中确认网元恢复为"普通"状态，若未恢复，则需要手工将网元设置为"普通"状态，以恢复正常的网络监控，如图 2-31 所示。

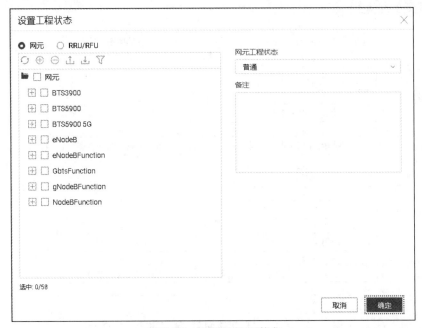

图 2-31　设置网元工程状态

在调测执行阶段的操作中，远程操作包括监控网元调测任务、获取网元调测验收报告、确认即插即用任务结束、设置射频模块最大输出功率、设置网元为"普通"状态；近端操作为业务验证；远端和近端的配合操作包括绑定基站、工程质量检查、站点验证、告警处理和环境告警调测。

2.3　近端 LMT+远端 MAE 调测

近端 LMT+远端 MAE 调测是指基站上电后，操作人员在近端通过 LMT 完成基站的软件升级和配置更新，基站按照更新后的配置数据与 MAE 建立 OM 通道；此后可以通过在 LMT 上执行 MML 命令完成基站的工程质量检查，也可以通过 MAE 的即插即用功能的工程质量检查项完成基站的工程质量检查；最后通过 MAE 的即插即用功能的站点验证检测基站是否运行正常。本节将介绍近端 LMT+远端 MAE 调测的具体操作流程。

2.3.1　调测流程

近端 LMT+远端 MAE 调测与不携带辅助设备的远端 MAE 调测一样，基站在调测前准备阶段和调测执行阶段都要遵循既定的操作流程且其中的部分流程与不携带辅助设备的远端 MAE 调测流程一样，但是近端 LMT+远端 MAE 调测的重点在近端的操作。

近端 LMT+远端 MAE 调测与不携带辅助设备的远端 MAE 调测相比，不管是在调测前准备阶段还是在调测执行阶段，大部分的流程相似，因此，下面重点介绍这两种调测方式的差异。

1. 调测前准备阶段

在调测前准备阶段，远端维护中心操作人员和近端现场工程师都需要按照图 2-32 所示的流程分别进行调测前的准备工作。

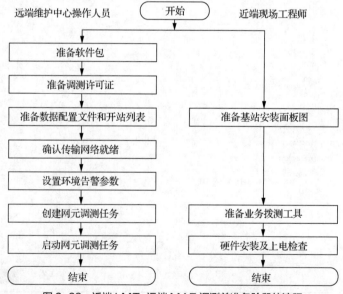

图 2-32　近端 LMT+远端 MAE 调测前准备阶段的流程

2. 调测执行阶段

在调测执行阶段，远端维护中心操作人员和近端现场工程师需按照图 2-33 所示的流程分别实施操作。

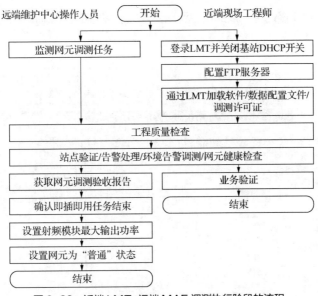

图 2-33　近端 LMT+远端 MAE 调测执行阶段的流程

2.3.2　调测前准备阶段操作

与不携带辅助设备的远端 MAE 调测一样，近端 LMT+远端 MAE 调测在调测前也需要准备好基站目标版本的软件包、调测许可证、数据配置文件、开站列表、基站安装面板图、拨测工具，确认传输网络就绪，设置好调测过程中所需的相关服务器、设备、参数，完成硬件安装及上电检查，并通过 MAE 创建和启动网元调测任务，其中，MAE 侧网元等组件适配层已正常安装和运行。这些操作基本上与不携带辅助设备的远端 MAE 调测的操作一样，以下主要介绍这两种调测方式在调测前准备阶段操作的差异。

1.　准备软件包、数据配置文件和开站列表

获取所需的软件包、数据配置文件和开站列表，并将开站列表上传到 MAE 服务器中。软件包和数据配置文件保存在本地计算机中，用于近端通过 LMT 升级软件和加载数据配置文件。在不携带辅助设备的远端 MAE 调测中，软件包、数据配置文件和开站列表都上传到了 MAE 服务器中。

（1）联系华为服务工程师获取目标版本的软件包并解压缩，将其保存在本地计算机中。

（2）从 MAE-Deployment 导出开站列表和数据配置文件。

（3）将数据配置文件保存在本地计算机中，并将开站列表上传到 MAE 服务器中，上传开站列表的操作可参见图 2-18。

在近端 LMT+远端 MAE 调测中，上传开站列表主要是为了能在 MAE 服务器中创建网元的开站任务，便于远程协助监测网元调测任务。

2.　启动网元调测任务

（1）启动 MAE 客户端，选择"SON"→"即插即用"选项，进入即插即用界面。

（2）启动网元调测任务，如图 2-34 所示，在调测任务中选择对应的步骤，表 2-7 所示为近端

67

LMT+远端 MAE 调测步骤说明，该操作中调测步骤的设置与不携带辅助设备的远端 MAE 调测有明显区别。

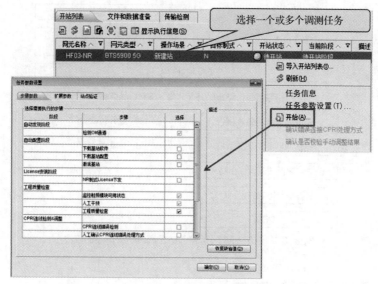

图 2-34　启动网元调测任务

表 2-7　近端 LMT+远端 MAE 调测步骤说明

序号	阶段	步骤	是否勾选
1	自动发现阶段	检测 OM 通道	系统根据任务场景自动判断是否勾选该复选框
2	自动配置阶段	下载基站软件	取消勾选该复选框
		下载基站配置	取消勾选该复选框
		激活基站	取消勾选该复选框
3	License 安装阶段	NR 制式 License 下发	取消勾选该复选框
4	工程质量检查	监控射频模块可用状态	如果进行工程质量检查，则系统自动勾选该复选框
		人工干预	如果进行工程质量检查，则系统自动勾选该复选框
		工程质量检查	建议勾选该复选框
5	CPRI 连线检测&调整	CPRI 连线检测	如果需要检测物理 CPRI 连线与配置规则是否一致，则勾选该复选框
		人工确认 CPRI 连线处理方式	如果进行 CPRI 连线检测，则系统自动勾选该复选框
		确认是否校验手工调整结果	当采用手动调整 CPRI 物理连线时，需要确认是否校验手工调整的正确性
		CPRI 配置调整	如果进行 CPRI 连线检测，则系统自动勾选该复选框
6	站点验证	站点验证	建议勾选该复选框
7	开站结束待确认阶段	开站结束待确认	系统自动勾选该复选框

从表 2-7 可以看出，近端 LMT+远端 MAE 调测方式没有设置自动配置阶段，这是其与不携带辅助设备的远端 MAE 调测方式的最大区别，在近端 LMT+远端 MAE 调测中，自动配置阶段的操作都在近端由近端现场工程师通过登录 LMT 进行操作完成。

对于近端 LMT+远端 MAE 调测方式而言，在调测前准备阶段中，除上述操作与不携带辅助设备的远端 MAE 调测方式有区别之外，其他调测前的准备操作一致，可参考不携带辅助设备的远端 MAE 调测的操作。

2.3.3 调测执行阶段操作

近端 LMT+远端 MAE 调测在调测执行阶段的操作包括登录 LMT 并关闭基站 DHCP 开关，配置 FTP 服务器，通过 LMT 加载软件、数据配置文件和调测许可证，监控网元调测任务，工程质量检查，站点验证，告警处理，环境告警调测，业务验证，获取网元调测验收报告，确认即插即用任务结束，设置射频模块最大输出功率，设置网元为"普通"状态。

1. 登录 LMT 并关闭基站 DHCP 开关

（1）登录 LMT

LMT 的登录在前面的章节中已经做过介绍，在基站近端完成基站登录的硬件连接，即便携 PC 和基站主控板 UMPT 之间的连接，可参考图 2-5，在 PC 浏览器的地址栏中输入近端维护的 IP 地址 192.168.0.49，进入 LMT 登录界面，输入用户名和密码，如图 2-35 所示，便可进入 LMT 操作界面，LMT 操作界面可参见图 2-7 及其相关内容。

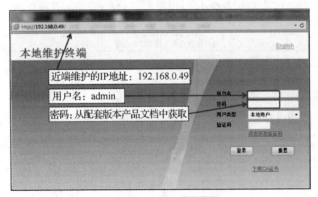

图 2-35　LMT 登录界面

（2）关闭基站 DHCP 开关

近端 LMT 开站时，基站的 OM 通道为手动建立，MML 命令"SET DHCPSW"用于设置远端维护通道自动建立开关。一般设备出厂默认将"远端维护通道自动建立开关"设置为"ENABLE（启用）"，近端 LMT 开站时需手动将开关设置为"DISABLE（禁用）"，如图 2-36 所示。

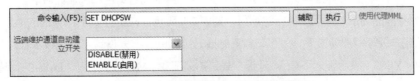

图 2-36　设置远端维护通道自动建立开关

需要注意的是，日常基站的远端维护通道自建立开关都是"ENABLE（启用）"状态，在近端

LMT 开站的时候设置为"DISABLE（禁用）"后，基站的数据配置文件会将该参数设置为"ENABLE（启用）"，所以在调测结束后，基站的远端维护通道自动建立开关的状态又会调整为"ENABLE（启用）"。若没有相关设置，则需要在开站结束后执行 MML 命令"SET DHCPSW"，以设置"远端维护通道自动建立开关"为"ENABLE（启用）"。

2. 配置 FTP 服务器

FTP 服务器主要用于文件的上传和下载，在近端 LMT 的开站中，FTP 服务器主要用于通过 LMT 将基站的软件、数据配置文件和调测许可证下载到基站中。

FTP 服务器的配置可选，如果 LMT 计算机中没有配置 FTP 服务器，则需要进行 FTP 服务器的配置。图 2-37 所示为配置 FTP 服务器界面，在该界面的右上角选择"FTP 工具"选项，弹出 FTP 服务器的配置指导，参照配置指导完成服务器的配置即可。

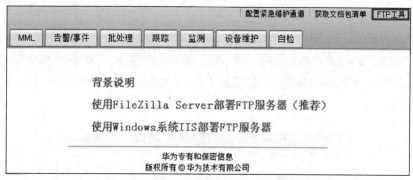

图 2-37　配置 FTP 服务器界面

3. 通过 LMT 加载软件、数据配置文件和调测许可证

在调测前准备阶段的操作中，启动网元调测任务中自动配置阶段的操作都没有勾选，包括下载软件、下载基站配置和激活基站的操作。这些在近端 LMT+远端 MAE 调测中都需要近端现场工程师完成。近端现场工程师在准备好调测的文件、登录 LMT 后，即可通过 LMT 加载软件、数据配置文件和调测许可证，其中调测许可证一般通过 MAE 下载，也可以通过近端 LMT 下载到基站中。

通过 LMT 加载软件、数据配置文件和调测许可证有两种方式：菜单方式和 MML 方式。

（1）菜单方式

① 在 LMT 主界面中单击"设备维护"按钮，打开"设备维护"窗口。

② 在该窗口左侧导航树中选择"BTS 维护"→"公共维护"选项，双击"软件管理"选项，进入图 2-38 所示的软件管理界面，即可在近端加载软件、数据配置文件和调测许可证。

③ 根据不同的场景选择需要执行的项目，如表 2-8 所示，并配置 FTP 服务器的信息。

在开站或升级等特殊场景下，为了节省开站或升级时间，需要设置"下载版本软件"参数"延迟下载"为"YES"（表示延迟下载）。延迟下载是指只下载 LMT 的最小包，LMT 的完整包延迟 4h 左右后自动下载，这对基站的软件无影响。如果在此之前需要使用 LMT 完整包的功能，则可执行 MML 命令"SPL SOFTWARE"将未下载的完整包文件下载到基站中。

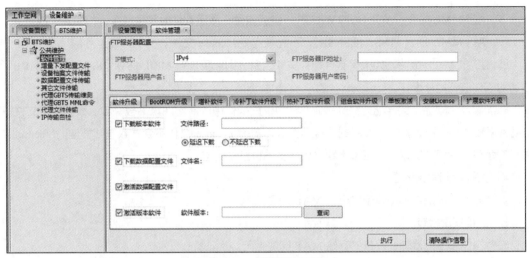

图 2-38　软件管理界面

表 2-8　不同场景下推荐选择执行的项目

不同场景	推荐选择执行的项目
只升级软件，不下载、激活数据配置文件，不安装 License 文件	下载版本软件、激活版本软件
升级软件，安装 License 文件，不下载、激活数据配置文件	下载版本软件、安装 License、激活版本软件
升级软件，下载、激活数据配置文件，不安装 License 文件	下载版本软件、下载数据配置文件、激活数据配置文件、激活版本软件
升级软件，下载、激活数据配置文件，安装 License 文件	全选
只安装 License 文件	安装 License
增补软件包	增补软件
只升级冷补丁	冷补丁软件升级
只升级热补丁	热补丁软件升级
同时升级软件包、冷补丁和热补丁	组合软件升级
激活单板软件	单板激活

④ 配置完成后，单击"执行"按钮，基站将按照用户选择的项目从上到下顺序执行。执行过程中的信息会显示在操作信息界面中。

⑤ 单击"清除操作信息"按钮，清除操作信息界面中的内容。

（2）MML 方式

① 执行 MML 命令"DLD SOFTWARE"下载软件，下载软件时需要选择运行模式参数。

如果基站复位之后想要执行相应的 MML 命令对基站进行操作维护，则此处的参数"延迟下载"建议设置为"NO(不延迟下载)"。为确保基站能够下载全部的目标制式软件，此处的参数"应用类型列表"应勾选全部目标制式。

② 执行 MML 命令"DLD CFGFILE"，下载数据配置文件。

③ 执行 MML 命令"ACT CFGFILE"，激活数据配置文件。设置参数"ACT CFGFILE"为"EFT=AFTER_RESET"，即下次基站复位后才生效，否则激活软件失败。

④ 执行 MML 命令"ACT SOFTWARE"，激活软件，激活软件时需要选择运行模式参数。

⑤ 执行 MML 命令"INS LICENSE"，下载并安装 License 文件。

⑥ 使用 LMT 升级后，如果有软件增补失败告警，则需要执行 MML 命令"SPL SOFTWARE"重新对软件进行增补操作。

在加载基站软件、数据配置文件和调测许可证的操作中，需要注意下载、激活数据配置文件不会导致基站复位，配置数据会在基站复位后生效；安装 License 文件不会导致基站复位，License 文件在安装成功后即时生效；激活版本软件后，基站将自动复位。

4. 监控网元调测任务

具体操作和不携带辅助设备的远端 MAE 调测相同。

5. 工程质量检查

具体操作和不携带辅助设备的远端 MAE 调测相同。

6. 站点验证

具体操作和不携带辅助设备的远端 MAE 调测相同。

7. 告警处理

远端维护中心操作人员可以在 MAE 上监控网元的告警，近端现场工程师可以通过 LMT 单击"告警/事件"按钮，打开"告警/事件"窗口，进行告警的处理，如图 2-39 所示。在"浏览活动告警/事件"界面中，可以看到"普通告警""事件""工程告警"3 个页签。一般而言，当调测中的基站处于工程状态时，告警在"工程告警"页签中显示，近端现场工程师需要将"工程告警"页签中的告警全部清除。调测完成后，近端现场工程师需要将基站的工程状态设置为"普通"状态，普通状态下的基站告警会显示在"普通告警"页签中。

图 2-39　进行告警的处理

8. 环境告警调测

具体操作和不携带辅助设备的远端 MAE 调测相同。

9. 业务验证

在 NR 调测中，近端现场工程师需要验证以下业务。

（1）验证网页浏览业务：使用手机访问 WWW 服务器，浏览网页，测试 20 次。

预期结果：成功率>95%，浏览网页正常。

（2）验证文件上传业务：使用手机访问 FTP 服务器，上传文件，测试 10 次。

预期结果：成功率>90%，上传速率稳定。

（3）验证文件下载业务：使用手机访问 FTP 服务器，下载文件，测试 10 次。

预期结果：成功率>90%，下载速率稳定。

一般而言，在进行业务验证前需要保证正确配置了站点且站点没有任何告警。如果业务验证不成功，则近端现场工程师须确认站点硬件是否存在问题，并登录 LMT 确认站点的配置是否产生了告警。解决以上问题后，再次进行业务验证。

10. 获取网元调测验收报告

具体操作和不携带辅助设备的远端 MAE 调测相同。

11. 确认即插即用任务结束

具体操作和不携带辅助设备的远端 MAE 调测相同。

12. 设置射频模块最大输出功率

具体操作和不携带辅助设备的远端 MAE 调测相同。

13. 设置网元为"普通"状态

具体操作和不携带辅助设备的远端 MAE 调测相同。

在近端 LMT+远端 MAE 调测的调测执行阶段，除了前面 3 步操作与不携带辅助设备的远端 MAE 调测不同外，其他的操作，包括站点验证、告警处理、环境告警调测、业务验证、获取网元调测验收报告、确认即插即用任务结束、设置射频模块最大输出功率、设置网元为"普通"状态等，均与不携带辅助设备的远端 MAE 调测操作基本一致，可相互参考。

📝 本章小结

本章主要介绍了 5G 站点的设备调测的相关知识，包括基站的两种调测方式，即不携带辅助设备的远端 MAE 调测和近端 LMT+远端 MAE 调测，调测方式对应的两种调测平台是 MAE 和 LMT，还介绍了调测中 OM 通道的主要建立方式和调测使用到的相关 MML 命令，并在后面展开介绍了这两种基站调测方式的具体调测流程。

不携带辅助设备的远端 MAE 调测主要是远端调测，工程师在远端 MAE 侧进行基站的调测，不需要上站，开站成本低且批量开站效率高。

近端 LMT+远端 MAE 调测主要强调近端调测，工程师需要近端上站，用于单个站点开站时所用时间短，但是用于批量开站时效率低且开站成本高。

除此之外，这两种调测方式的主要区别还包括 OM 通道的建立方式，OM 通道为基站和网管 MAE 之间的操作维护通道，远程调测可以通过 DHCP 自动建立 OM 通道，近端调测则需要手动配置 OM 通道。

希望读者在学习完本章后可以掌握基站调测的基本原理和方法，并根据实际情况选择恰当的调测方式进行调测。

本章知识框架如图 2-40 所示。

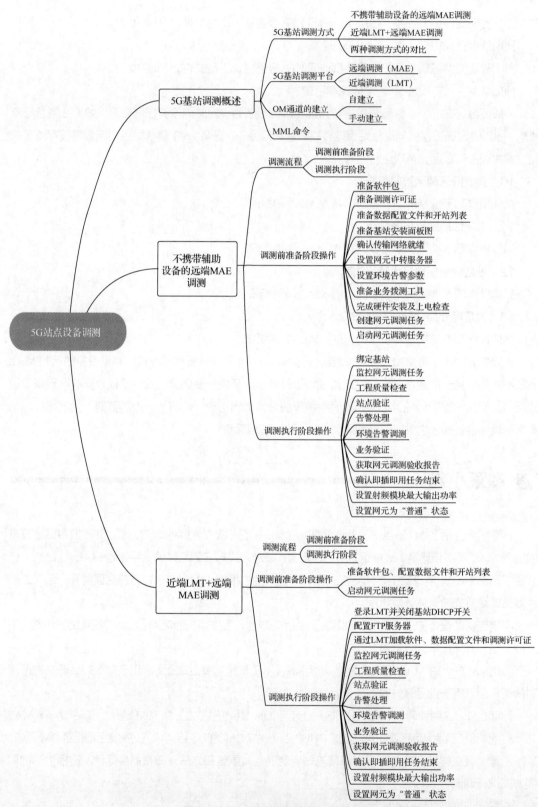

图 2-40　5G 站点设备调测知识框架

课后练习

一、单选题

（1）在基站调测中，如果对 Downtime 没有要求且传输网络支持 OM 自发现，则优先推荐（　　）方式。

  A．不携带辅助设备的远端 MAE 调测 B．近端 USB+远端 MAE 调测

  C．近端 LMT+远端 MAE 调测   D．近端 MAE 调测

（2）登录基站的近端 LMT，需要连接基站中控板 UMPT 单板的（　　）接口。

  A．FE/GE0   B．XGE1   C．USB   D．CLK

（3）基站通过（　　）协议，可以获得 OM 通道信息，实现 OM 通道的自建立。

  A．UDP   B．SCTP   C．DHCP   D．TCP/IP

（4）5G 基站的远程操作维护自建立开关可以通过 MML 命令（　　）设置。

  A．SET OMCH   B．ADD OMCH

  C．SET DHCPSW   D．ADD DHCPSW

（5）在基站调测中，MML 命令（　　）用于下载基站的配置文件。

  A．DLD CFGFILE   B．ACT CFGFILE

  C．DLD SOFTWARE   D．ACT SOFTWARE

（6）调测任务启动后，MAE 自动对一个或多个网元进行调测，MAE 的即插即用功能最多支持同时启动（　　）调测任务。

  A．200 个   B．300 个   C．400 个   D．500 个

二、多选题

（1）在进入基站调测之前，需要做的准备和确认工作有（　　）。

  A．基站硬件完成安装

  B．已获得带调测基站的开站 MML 数据脚本

  C．已获得基站目标版本软件包和调测许可证

  D．基站与传输和核心网对接完成

（2）LMT 界面主要由（　　）组件构成。

  A．状态栏   B．功能栏   C．菜单栏   D．帮助

（3）不携带辅助设备的远端 MAE 调测包括（　　）阶段。

  A．自动发现   B．自动配置   C．工程质量检查   D．站点验证

（4）在不携带辅助设备的远端 MAE 调测中，可以通过（　　）标识绑定并唯一标识基站。

  A．DID   B．ESN   C．gNB ID   D．Operator ID

三、简答题

（1）请简述 OM 通道自建立中 DHCP 的工作流程。

（2）请简述不携带辅助设备的远端 MAE 调测在调测前的准备工作。

（3）请简述近端 LMT+远端 MAE 调测在调测前的准备工作。

（4）请简述 5G 站点调测中，不携带辅助设备的远端 MAE 调测和近端 LMT+远端 MAE 调测的区别。

（5）请写出近端登录基站的平台和近端登录的维护 IP 地址。

第 3 章
5G 站点现场操作维护

　　基站维护通常分为近端维护和远端维护。远端维护时，工程师不需要上站，易于进行批量开站。且利于降低维护成本。但是当基站和网管之间链路断开需要近距离检查硬件设备，更换硬件模块或单板，以及进行 5G 基站现场环境的例行维护时，就需要工程师进行近端维护，即到基站现场通过 LMT 完成相应的维护操作。

　　本章主要介绍 5G 基站操作维护系统的结构、近端和远端登录操作流程、5G 硬件设备（包含 BBU、RRU、配套设备及相关线缆等）的检查和更换，以及 5G 基站现场例行维护项目等内容。

本章学习目标

- 了解近端维护和远端维护
- 理解 5G 基站硬件设备的检查任务
- 掌握 5G 基站现场硬件更换的流程
- 熟悉 5G 基站现场例行维护项目

3.1　5G 基站操作维护系统概述

　　基站设备的正常运行对用户业务的实现至关重要，基站设备通常包括 BBU、RRU、配套设备及相关线缆等。为了能实时监测基站各部分的运行状态，便于及时处理和维护基站日常运行中出现的各种问题，从而更好地为用户提供服务，电信运营商通常采用基站操作维护系统完成基站的日常维护工作。本节将介绍 5G 基站操作维护系统的基本结构和登录 5G 基站操作维护系统的两种方式。

3.1.1　5G 基站操作维护系统的结构

　　5G 基站操作维护分为近端维护和远端维护两种方式。近端维护需要工程师到站点现场，并使用 LMT 作为维护工具。远端维护不需要工程师上站，可以通过 MAE 客户端远程对基站进行集中管理。近端维护和远端维护如图 3-1 所示。

　　近端维护主要应用于以下场景。

　　（1）站点硬件更换场景，如主控板更换等。

图 3-1　近端维护和远端维护

（2）站点现场的日常维护场景，如机房环境维护等。

（3）基站与网管的传输断开，需要近端通过通用主控传输单元（Universal Main Processing & Transmission unit，UMPT）单板登录基站，对基站进行维护操作。在现网中，远端维护和近端维护会配合操作，优先远端维护，若涉及的一些操作（如硬件更换等）无法在远端实现，则需要近端上站维护。近端维护和远端维护的对比如表 3-1 所示。

表 3-1　近端维护和远端维护的对比

维护方式	是否需要上站	维护效率	特点	
近端维护	需要上站	一次只能操作一个站点，效率低	硬件更换场景必须使用近端维护方式	OM 通道异常时需要近端维护
远端维护	不需要上站	可多个站点批量执行操作，效率高	无法实现硬件更换	与基站的 OM 通道必须正常

3.1.2　5G 基站近端和远端登录操作

进行 5G 基站近端维护时，需要通过 UMPT 单板登录基站。近端维护通过基站主控板上的 USB 接口连接维护转接线，再通过网线连接到本地 PC 上。进行 5G 基站远端维护时，工程师不需要上站，直接通过 MAE 远程对基站进行控制即可。但是远端维护的前提是基站和 MAE 之间的 OM 通道正常工作。5G 基站近端和远端维护的相关操作已经在第 2 章中介绍过了，此处不再赘述。

在近端或远端对基站进行操作维护时，经常会用到 MML 命令。MML 命令的格式为"命令字：参数名称=参数值;"。其中，命令字是必需的，但参数名称和参数值不是必需的，可根据具体 MML 命令而定。

包含命令字和参数的 MML 命令示例如下。

```
SET ALMSHLD: AID=25600, SHLDFLG=UNSHIELDED;
```

仅包含命令字的 MML 命令示例如下。

```
LST VER:;
```

需要注意的是，命令格式句末的"；"也是命令的一部分，执行命令的时候必须加上"；"。MML 命令的操作类型采用"动作+对象"的格式。MML 命令的主要操作类型说明如表 3-2 所示。

表 3-2　MML 命令的主要操作类型说明

操作英文缩写	操作含义	操作英文缩写	操作含义
ACT	激活	RMV	删除
ADD	增加	RST	复位
BKP	备份	SET	设置
BLK	闭塞	STP	停止（关闭）
CLB	校准	STR	启动（打开）
DLD	下载	SCN	扫描
DSP	查询动态数据	UBL	解闭塞
LST	查询静态数据	ULD	上传
MOD	修改	–	–

　　ADD（增加）、SET（设置）这两个操作在近端命令开站的过程中使用得比较多。维护过程中一般使用的是查询、激活等操作，其中主要是查询，如查询配置信息、查询状态等。在故障处理中，除了用到开站、维护等操作，还会用到删除、修改等操作。

　　LMT 的 MML 界面分为九大区域，其区域划分如图 3-2 所示。

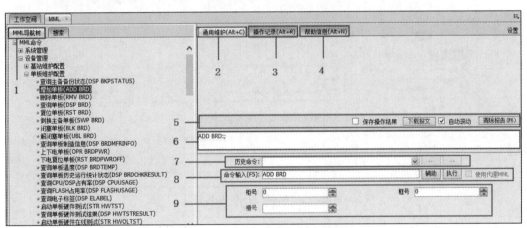

图 3-2　LMT 的 MML 界面的区域划分

　　这九大区域的名称和功能如表 3-3 所示。

表 3-3　LMT 的 MML 界面的区域名称和功能

编号	区域名称	功能
1	MML 导航树	可以选择公共或不同的命令组来执行 MML 命令
2	"通用维护(Alt+C)"页签	显示命令的执行结果等反馈信息
3	"操作记录(Alt+R)"页签	显示操作员执行的历史命令信息
4	"帮助信息(Alt+N)"页签	显示命令的帮助信息
5	操作结果处理区域	可以对命令返回报文进行"保存操作结果""下载报文""自动滚动"和"清除报告"操作

续表

编号	区域名称	功能
6	手工命令区域	显示手工输入的命令及其参数值
7	"历史命令"框	其下拉列表记录了当前操作员本次登录系统后所执行的命令及参数
8	"命令输入"框	显示系统提供的所有 MML 命令，可以选择其一或直接手工输入命令作为当前要执行的命令
9	命令参数区域	用于命令参数赋值，显示命令输入框中当前命令所包含的所有参数。其中，以红色显示的为必选参数，以黑色显示的为可选参数

如果在操作结果处理区域中勾选"保存操作结果"复选框，那么此后的 MML 命令操作结果将会被保存，而之前的操作结果并不会被保存。单击"下载报文"按钮后，勾选了"保存操作结果"复选框的 MML 命令将被下载下来，而之前的操作结果并不会被下载。

MAE 的 MML 界面和 LMT 实现形式一致，但 MAE 可以实现多个网元的同时操作，而 LMT 一次只能登录一个基站，并对一个基站进行操作。MAE 的 MML 界面如图 3-3 所示。

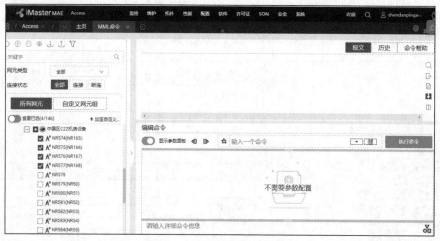

图 3-3　MAE 的 MML 界面

综上可知，基站操作维护分为近端维护和远端维护，近端维护使用 LMT 作为维护工具，而远端维护通过 MAE 远程对基站进行集中管理，这两种维护方式分别适用于不同的应用场景。

本章主要介绍 5G 基站的现场维护，包括 5G 基站硬件检查、5G 基站现场硬件更换、5G 基站现场例行维护等，3.2 节将介绍 5G 基站硬件检查。

3.2　5G 基站硬件检查

本节主要介绍 5G 基站的硬件检查内容。在介绍基站硬件模块、设备检查之前，需要先回顾一下 5G 网络的架构。

5G 网络架构包含 5GC 和 5G RAN，5GC 主要包括 AMF 和 UPF，5G RAN 主要由 gNB 组成，如图 3-4 所示。

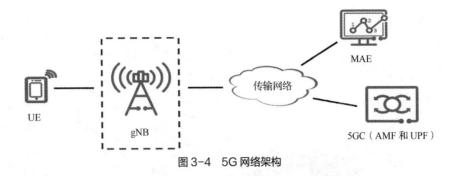

图 3-4　5G 网络架构

在 5G 网络架构中，gNB 位于 UE 和 5GC 之间，起到了承上启下的作用。gNB 与网络中各网元间的接口如下。

（1）gNB 通过 NG-C 接口与 AMF 连接，实现 NG 控制平面功能；通过 NG-U 接口与 UPF 连接，实现 NG 用户平面功能。

（2）gNB 之间通过 Xn-C 和 Xn-U 接口连接，分别实现 Xn 控制平面和用户平面功能。gNB 与 UE 之间通过 Uu 接口连接，实现无线新空口功能。

（3）gNB 通过 OM 通道和 MAE 连接，实现基站的远程集中管理。

5G 基站的硬件检查就是检查基站主设备的状态、站点机房中配套设备的状态，以及各种线缆的状态是否正常，以保证 5G 端到端的数据传输，同时保证 MAE 能实时地监控到 gNB 设备。目前，gNB 的常见站型主要有室外宏站和室分 LampSite，下面分别介绍室外宏站和室分 LampSite 的硬件组成。

室外宏站主要由 BBU、AAU/RRU、时钟源、直流电源分配单元（Direction Current Distribution Unit，DCDU）、全球定位系统（Global Positioning System，GPS）及其他配套设备组成，如图 3-5 所示。AAU 通过光纤连接 BBU 设备，GPS 通过时钟线为 BBU 提供时钟源，DCDU 为 BBU 提供电源。

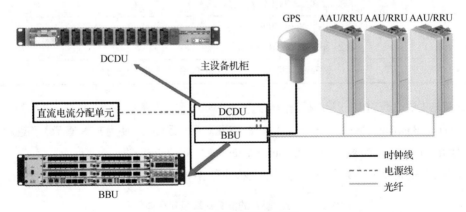

图 3-5　室外宏站设备组成

LampSite 主要由 BBU、射频汇聚单元（RadioHUB，RHUB）、微型射频拉远模块（pico Remote Radio Unit，pRRU）、时钟源、配电单元及其他配套设备组成，如图 3-6 所示。pRRU 通过网线或光电混合缆连接 RHUB，RHUB 通过光纤连接 BBU 设备。

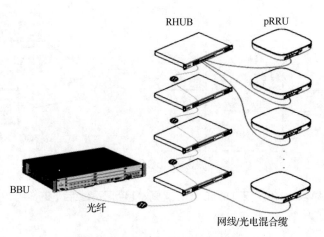

图 3-6　室内 LampSite 设备组成

由上述内容可知，5G 基站的主要设备包括 BBU、RRU、AAU、pRRU、RHUB 等，其对应的华为系列产品型号如表 3-4 所示。

表 3-4　5G 基站主要设备及其型号

主要设备	型号
BBU	BBU 框：BBU5900 单板：UMPTe/UMPTg、UBBPg、FANf、UPEUe
RRU	TDD 8T8R（如 RRU5258） FDD 4T4R（如 RRU3971） FDD 2T2R（如 RRU3959）
AAU	TDD 64T64R（如 AAU5639） TDD 32T32R（如 AAU5313）
pRRU	4T4R（如 pRRU5935） 2T2R（如 pRRU5936）
RHUB	RHUB5921/RHUB5923/RHUB5961/RHUB5963

5G 基站主要设备 BBU 的常用机框型号为 BBU5900，可适配的单板有 UMPT、通用基带处理单元（Universal Baseband Processing unit，UBBP）、风扇板（后文统一使用 FAN 表示）和通用电源环境接口单元（Universal Power and Environment interface Unit，UPEU）。

5G 基站的配套模块主要包括配电模块、光模块和各种线缆，其具体信息如表 3-5 所示。

表 3-5　5G 基站的配套模块及其具体信息

配套模块	具体信息
配电模块	基站直流配电单元，嵌入式电源单元（Embedded Power Unit，EPU）
光模块	单模、双模
线缆	光纤、网线、电源线、光电混合缆、馈线

由上述内容可知，5G 基站硬件设备包括 BBU 模块、射频模块等主要设备，以及配套的配电模块、光模块和线缆模块等，下面将分别从 BBU 模块、射频模块、配套设备模块和线缆模块这 4 个方面介绍 5G 基站硬件检查的相关内容。

3.2.1 BBU 模块检查

本小节主要介绍盒式 BBU5900 的外观、槽位和单板，盒式 BBU5900 通过在盒体内配置不同功能和规格的单板来满足系统对于制式、容量、信令等规格的要求，盒体内的单板支持扩容、更换，盒体也支持单独更换。

1. BBU5900 的外观

BBU 是一种宽 1442mm、高 86mm、深 310mm 的小型盒式设备，其外观如图 3-7 所示。其质量约为 18kg，BBU 的左侧挂耳上面贴有 ESN，ESN 是基站远程开站过程中 BBU 合法身份的标识。

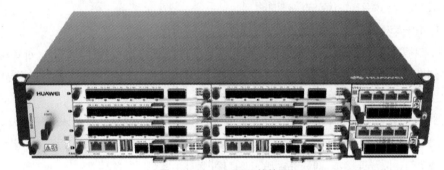

图 3-7　BBU5900 的外观

2. BBU5900 的槽位

BBU5900 有多个槽位，用于配置不同的 BBU 单板，其槽位分布如图 3-8 所示。

	Slot0	Slot1	
Slot16			Slot18
	Slot2	Slot3	
	Slot4	Slot5	
			Slot19
	Slot6	Slot7	

图 3-8　BBU 的槽位分布

BBU5900 必须配置的单板有基带单板、主控单板、风扇单板、电源单板，选配单板为环境监控单板。在配置各类单板时，有不同的槽位配置优先级，BBU5900 主控板各单板配置的详细情况如表 3-6 所示。

表 3-6　BBU5900 主控板各单板配置的详细情况

单板种类	单板名称	是否必配	最大配置数	槽位配置优先级
通用主处理传输单元	UMPTe UMPTg	是	2	Slot7>Slot6

续表

单板种类	单板名称	是否必配	最大配置数	槽位配置优先级
通用基带处理单元	UBBPg	是	6	Slot4>Slot2>Slot0>Slot1>Slot3>Slot5
通用电源环境接口单元	UPEUe	是	2	Slot19>Slot18
风扇单板	FANf	是	1	Slot16
环境监控单板	UEIUb	否	1	Slot18

3. BBU5900 的单板

BBU5900 的必配单板为 UMPT 单板、UBBP 单板、UPEU 单板和 FAN 单板，在任意场景下，电源单板、风扇单板和环境监控单板都固定配置在 BBU 的相应槽位上。对于单板的检查，需要先了解单板有哪些功能，再重点关注单板的槽位、外观、接口及指示灯的介绍，单板的某些指示灯是类似的，各单板的指示灯将在本小节末尾做说明。

（1）UMPT 单板

UMPT 单板能够完成基站的配置管理、设备管理、性能监控、信令处理等功能；为 BBU 内其他单板提供信令处理和资源管理功能；提供了 USB 接口、传输接口、维护接口，以完成信号传输、软件自动升级、在 LMT 或 MAE 上维护 BBU 等功能。

BBU5900 中最多可容纳 2 块 UMPT 单板，安装在 Slot6 和 Slot7 上，如果只安装 1 块 UMPT 单板，则优先安装在 Slot7 上。UMPT 单板的实物如图 3-9 所示，其中有电传输接口、光传输接口、GNSS 射频接口，以及连接本地调试系统的 USB 接口等。

图 3-9 UMPT 单板的实物

目前，5G 基站的主控单板主要有 UMPTe、UMPTg 两种类型，它们的面板接口如图 3-10 所示，表 3-7 所示为 UMPT 单板各个接口及其说明。

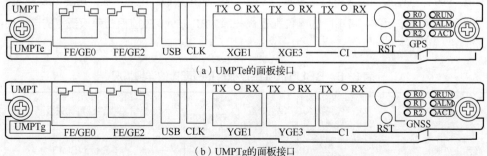

（a）UMPTe 的面板接口

（b）UMPTg 的面板接口

图 3-10 UMPTe 和 UMPTg 的面板接口

表 3-7　UMPT 单板各个接口及其说明

面板标识	连接器类型	说明
FE/GE0 FE/GE2	RJ45 连接器	FE/GE 电信号传输接口，UMPTe/UMPTg 的 FE/GE 电接口具备防雷功能，在室外机柜采用以太网电传输的场景下，无须配置防雷盒
XGE1/XGE3	SFP 母型连接器	UMPTe 的标识，FE/GE/10GE 光信号传输接口，最大传输速率为 10000Mbit/s
YGE1/YGE3	SFP 母型连接器	UMPTg 的标识，25GE 光信号传输接口，最大传输速率为 25Gbit/s
GPS/GNSS	SMA 连接器	用于传输天线接收的射频信息给 GPS 星卡
USB	USB 连接器	可以插入 USB 闪存盘对基站进行软件升级，同时与调试网口复用
CLK	USB 连接器	接收 TOD 信号；时钟测试接口，用于输出时钟信号
CI	SFP 母型连接器	用于 BBU 互联
RST	—	复位开关

由表 3-7 可知，UMPTe 和 UMPTg 的主要区别在于光信号传输接口的传输速率。

（2）UBBP 单板

UBBP 单板主要提供与 RRU 或 AAU 通信的 CPRI 或 eCPRI；完成上下行数据的基带处理；支持制式间基带资源重用，可实现多制式的并发。BBU5900 中最多可容纳 6 块 UBBPg 单板，可安装在 Slot0～Slot5 上。UBBP 单板的实物如图 3-11 所示。

图 3-11　UBBP 单板的实物

UBBPg 的面板接口如图 3-12 所示，其各个接口及其说明如表 3-8 所示。

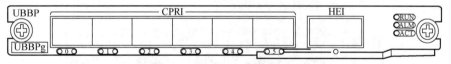

图 3-12　UBBPg 的面板接口

表 3-8　UBBPg 单板各个接口及其说明

面板标识	连接器类型	接口数量	说明
CPRI0～CPRI5	SFP 母型连接器	6	BBU 与射频模块互联的数据传输接口，支持光、电传输信号的输入/输出
HEI	QSFP 连接器	1	基带互联或与 USU 互联，实现基带之间或者与 USU 之间的数据通信

（3）FAN 单板

BBU5900 支持的风扇单板为 FANf 单板。风扇单板为 BBU 机框中的其他单板提供散热功能；控制风扇转速和监控风扇温度，并向主控板上报风扇状态、风扇温度值和风扇在位信号等信息；支持电子标签的读写。FAN 单板安装在 BBU 的 Slot16 上，只能安装 1 块。FANf 单板的实物如图 3-13 所示。

图 3-13　FANf 单板的实物

（4）UPEU 单板

UPEU 单板用于将−48V DC 输入电源转换为+12V 直流电源；提供 2 路 RS485 信号接口和 8 路开关量信号接口，开关量输入只支持干接点和集电极开路（Open Collector，OC）输入。BBU5900 中支持的电源单板为 UPEUe 单板，最多可容纳 2 块且 UPEUe 单板安装在 Slot18 和 Slot19 上，如果只能安装 1 块 UPEUe 单板，则应优先安装在 Slot19 上。

UPEUe 单板的实物如图 3-14 所示。UPEUe 单板的电源输入是双路输入，5G 之前的电源单板都是单路输入。UPEUe 的输出功率在使用 1 块单板时为 1100W；在使用 2 块单板且单板都处于均流模式时为 2000W；在 1+1 冗余备份模式时为 1100W。

图 3-14　UPEUe 单板的实物

图 3-15 所示为 UPEUe 的面板接口，从此图可知，UPEUe 单板可以提供 1 路电源输入接口、2 路 RS485 信号接口和 8 路开关量信号接口。

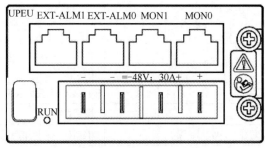

图 3-15　UPEUe 的面板接口

（5）单板指示灯

在 UMPT、UBBP、FAN 和 UPEU 单板上均分布着各种指示灯，分别指示了当前单板的运行状态、单板上接口的链路状态或者单板的工作制式等。因此，根据指示灯所指示内容的不同可分为状态指示灯、接口指示灯和制式指示灯这 3 类，下面将分别对它们进行介绍。

① 状态指示灯。状态指示灯用于指示当前 BBU 单板的运行状态。BBU 单板上的状态指示灯的位置如图 3-16 所示，其中，①包括 UMPT 单板和 UBBP 单板，②为 UPEU 单板，③为 FAN 单板。

单板状态指示灯各状态及其说明如表 3-9 所示。

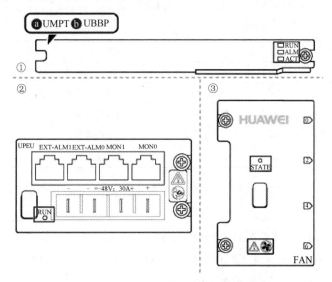

图 3-16　BBU 单板上的状态指示灯的位置

表 3-9　单板状态指示灯各状态及其说明

图例序号	面板标识	颜色	状态	说明
①	RUN	绿色	常亮	有电源输入，单板存在故障
			常灭	无电源输入或单板处于故障状态
			闪烁（1s 亮，1s 灭）	单板正常运行

87

续表

图例序号	面板标识	颜色	状态	说明
①	RUN	绿色	闪烁（0.125s 亮，0.125s 灭）	单板正在加载软件或进行数据配置；单板未开工
	ALM	红色	常亮	有告警，需要更换单板
			常灭	无故障
			闪烁（1s 亮，1s 灭）	有告警，不能确定是否需要更换单板
	ACT	绿色	常亮	主控板：主用状态；非主控板：单板处于激活状态，正在提供服务
			常灭	主控板：非主用状态；非主控板：单板没有激活或单板没有提供服务
			闪烁（0.125s 亮，0.125s 灭）	主控板：OM 通道断开；非主控板：不涉及
			闪烁（1s 亮，1s 灭）	支持 UMTS 单模的 UMPT、含 UMTS 制式的多模共主控 UMPT：测试状态；其他单板：不涉及
			闪烁（以 4s 为周期，前 2s 内，0.125s 亮，0.125s 灭，重复 8 次后常灭 2s）	支持 LTE 单模的 UMPT、含 LTE 制式的多模共主控 UMPT：未激活该单板所在框配置的所有小区或者 S1 链路出现异常；其他单板：不涉及
②	RUN	绿色	常亮	正常工作
			常灭	无电源输入或单板出现故障
③	STATE	红绿双色	绿灯闪烁（0.125s 亮，0.125s 灭）	模块尚未注册，无告警
			绿灯闪烁（1s 亮，1s 灭）	模块正常运行
			红灯闪烁（1s 亮，1s 灭）	模块有告警
			常灭	无电源输入

② 接口指示灯。接口指示灯用于指示 BBU 单板接口链路状态。接口指示灯主要有 FE/GE 接口指示灯、CPRI 指示灯和互联接口指示灯等。

FE/GE 接口指示灯位于主控板上，分布在 FE/GE 电口或 FE/GE 光口的两侧或接口上方，其位置如图 3-17 所示。LINK 和 ACT 指示灯在面板上无丝印标识，TX RX 指示灯在面板上有丝印标识。FE/GE 接口指示灯各状态及其说明如表 3-10 所示。

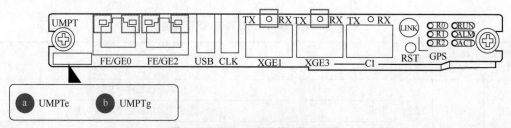

图 3-17　FE/GE 接口指示灯的位置

表 3-10　FE/GE 接口指示灯各状态及其说明

指示灯名称	颜色	状态	说明
LINK	绿色	常亮	连接成功
		常灭	没有连接
ACT	橙色	闪烁	有数据收发
		常灭	无数据收发
TX RX	红绿双色	绿灯常亮	以太网链路正常
		红灯常亮	光模块收发异常
		红灯闪烁（1s 亮，1s 灭）	以太网协商异常
		常灭	小型可插拔（Small Form-factor Pluggable，SFP）光模块不在位或者光模块电源下电

CPRI 指示灯位于 UBBP 单板中，UBBPg 单板的接口指示灯位于 CPRI 的下方，如图 3-18 所示。UBBPg 单板的 CPRI 下方有两个指示灯。当 UBBPg 使用双通道小型可拔插（Dual Small Form-factor Pluggable，DSFP）光模块时，这两个指示灯分别用于指示左右两个通道的 CPRI 传输状态，指示灯各状态及其说明如表 3-11 所示。当 UBBPg 使用 SFP 光模块时，右侧指示灯常灭，左侧指示灯用于指示 CPRI 传输状态，其状态说明可参考表 3-11。

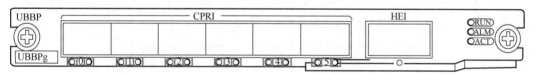

图 3-18　UBBPg 单板接口指示灯的位置

表 3-11　UBBPg 单板接口指示灯各状态及其说明

面板标识	颜色	状态	说明
CPRI 0～5	红绿双色	绿灯常亮	CPRI 链路正常
		红灯常亮	光模块收发异常，可能原因是光模块出现故障或者光纤折断
		红灯闪烁（0.125s 亮，0.125s 灭）	CPRI 链路上的射频模块存在硬件故障
		红灯闪烁（1s 亮，1s 灭）	CPRI 失锁，可能原因是双模时钟互锁失败或者 CPRI 速率不匹配
		常灭	光模块不在位；CPRI 电缆未连接

互联接口指示灯用于指示互联接口的连接状态，位于互联接口的上方或下方，如图 3-19 所示，互联接口指示灯各状态及其说明如表 3-12 所示。图 3-19 的①部分标注了 UBBP 单板的 HEI 互联接口，②部分标注了 UMPT 单板的 CI 接口。

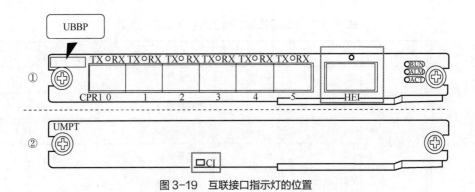

图 3-19   互联接口指示灯的位置

表 3-12   互联接口指示灯各状态及其说明

图例序号	面板标识	颜色	状态	说明
①	HEI	红绿双色	绿灯常亮	互联链路正常
			红灯常亮	光模块收发异常，可能原因是光模块出现故障或者光纤折断
			红灯闪烁（1s 亮，1s 灭）	互联链路失锁，可能原因是互联的两个 BBU 之间时钟互锁失败或者 QSFP 接口速率不匹配
			常灭	光模块不在位
②	CI	红绿双色	绿灯常亮	互联链路正常

③ 制式指示灯。制式指示灯用于指示 BBU 单板工作的制式。只有 UMPT 单板上有制式指示灯，其位置如图 3-20 所示，制式指示灯各状态及其说明如表 3-13 所示。

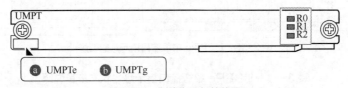

图 3-20   制式指示灯的位置

表 3-13   制式指示灯各状态及其说明

面板标识	颜色	状态	说明
R0	红绿双色	常灭	单板未工作于 GSM 制式
		绿灯常亮	单板工作于 GSM 制式
		绿灯闪烁（1s 亮，1s 灭）	单板工作于 NR 制式
		绿灯闪烁（0.125s 亮，0.125s 灭）	单板同时工作于 GSM 和 NR 制式
R1	红绿双色	常灭	单板未工作于 UMTS 制式
		绿灯常亮	单板工作于 UMTS 制式
R2	红绿双色	常灭	单板未工作于 LTE 制式
		绿灯常亮	单板工作于 LTE 制式

至此，已经完整地介绍了 BBU 模块的外观、结构和槽位分布情况，并针对 BBU 机框中必配的

4 种单板（分别是 UMPT 单板、UBBP 单板、FAN 单板和 UPEU 单板）各自的功能、槽位、外观、接口，以及其对应的指示灯等内容做了详细说明，下面逐一介绍射频模块的各种硬件检查细节。

3.2.2 射频模块检查

室外宏站的射频模块主要包括 RRU、AAU、GPS 天线；室分 LampSite 的射频模块主要包括 RHUB 和 pRRU。

1. RRU

RRU 主要应用于分布式基站和室外宏基站。RRU 可接收 BBU 发送的下行基带数据，并向 BBU 发送上行基带数据，实现与 BBU 的通信，以及射频信号的调制/解调、数据处理和功率放大等。

目前，常用的 RRU 有支持 8T8R 的 RRU5258、RRU5818；支持 4T4R 的 RRU5836E、RRU5266E、RRU5904、RRU3971。此处以 RRU5258 为例介绍 RRU 硬件设备的接口和指示灯。

RRU5258 的底部有 8 个射频信号接口 ANT1～ANT8、1 个电调接口、1 个校正接口；在配线腔中有连接 BBU 的 2 个光口和 1 个电源输入接口。RRU5258 的外观如图 3-21 所示。

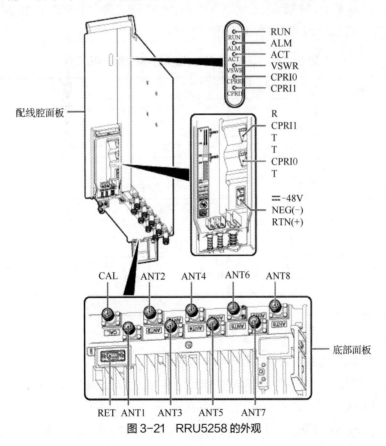

图 3-21 RRU5258 的外观

RRU5258 的工作频段为 3400～3600MHz，适用于室外宏站，支持 8 通道，输出功率为 8×40W。RRU5258 的接口及其说明如表 3-14 所示。

表 3-14　RRU5258 的接口及其说明

接口位置	接口标识	连接器类型	说明
底部面板	ANT1～ANT8	N 母型连接器或 4.3-10 母型连接器	发送/接收射频信号接口
	RET	DB9 母型连接器	电调接口，支持传输电调天线控制信号（RS485 信号）
	CAL	N 母型连接器或 4.3-10 母型连接器	校正接口，支持射频信号和电调天线控制信号（OOK 信号）
配线腔面板	CPRI0	SFP 母型连接器	光纤接口，用于连接 BBU 或上级 RRU
	CPRI1	SFP 母型连接器	光纤接口，用于连接下级 RRU 或 BBU
	RTN（+）	快速安装型公型连接器	电源输入接口
	NEG（-）		

RRU5258 的指示灯各状态及其说明如表 3-15 所示。

RRU5258 上有 RUN、ALM、ACT、电压驻波比（Voltage Standing Wave Ratio，VSWR）、CPRI0、CPRI1 指示灯。RUN 和 ALM 指示灯的状态含义可参照表 3-9 的指示灯状态说明，ACT、VSWR、CPRI0 和 CPRI1 指示灯的状态及其说明可参考表 3-15。

表 3-15　RRU5258 的指示灯各状态及其说明

指示灯	颜色	状态	说明
ACT	绿色	常亮	工作正常（发射通道打开或软件在未开工状态下进行加载）
		闪烁（1s 亮，1s 灭）	单板运行（发射通道关闭）
VSWR	红色	常灭	无 VSWR 告警
		常亮	有 VSWR 告警
CPRI0 和 CPRI1	红绿双色	绿灯常亮	CPRI 链路正常
		红灯常亮	光模块收发异常（可能原因是光模块出现故障或者光纤折断等）
		红灯闪烁（1s 亮，1s 灭）	CPRI 失锁（可能原因是双模时钟互锁出现问题或者 CPRI 速率不匹配等）
		常灭	光模块不在位或者光模块电源下电

2. AAU

AAU 是天线和射频的集成，主要包括天线单元（Antenna Unit，AU）、射频单元（Radio Unit，RU）、电源模块和 L1（物理层）处理单元。AAU 的 AU 用于完成无线电波的发射与接收；RU 用于完成射频信号处理和上下行射频通道的相位校正；电源模块用于向 AAU 提供工作电压；L1 处理单元用于提供 eCPRI，实现 eCPRI 信号的汇聚与分发，完成 5G NR 协议物理层上下行处理，以及下行通道的 I/Q 调制、映射和数字加权。

常见的 AAU 类型有支持 64T64R 的 AAU5613、AAU5619、AAU5636、AAU5636w 和 AAU5639，以及支持 32T32R 的 AAU5319、AAU5336 和 AAU5831。此处以 AAU5639 为例介绍 AAU 的相关接

口和指示灯的知识。

AAU5639 的外观如图 3-22 所示，其供电电压为-48V，支持频段为 4900MHz，支持 64 通道，输出功率为 200W，适用于室外宏站。

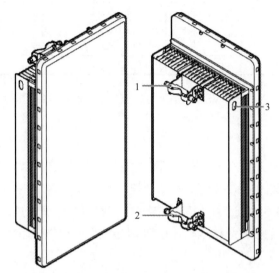

1—安装件：上把手；2—安装件：下把手；3—防掉落安全加固孔

图 3-22　AAU5639 的外观

AAU5639 的物理接口和指示灯如图 3-23 所示。

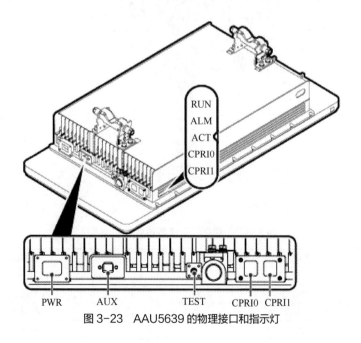

图 3-23　AAU5639 的物理接口和指示灯

AAU5639 的接口及其说明如表 3-16 所示。

表 3-16　AAU5639 的接口及其说明

接口标识	连接器类型	说明
CPRI0 和 CPRI1	DLC 连接器	光接口 0/1，数据传输速率为 10.3125Gbit/s 或 25.78125 Gbit/s；安装光纤时需要在光接口上插入光模块
PWR	室外快锁电源连接器	-48V DC 接口
AUX	DB15 公型连接器	天线信息传感器单元（Antenna Information Sensor Unit，AISU）接口，承载 AISG 信号
TEST	NA	预留接口，不可用

AAU5639 只比 RRU 少了一个 VSWR 指示灯，其余指示灯的介绍可参照 RRU 的指示灯各状态说明。

3.　GPS 天馈系统

基站通过 GPS 天馈系统接收 GPS 信号，提取定时信号和位置信息。定时信号和位置信息通过 CPRI 上报给 BBU。GPS 天馈系统包括 GPS 天线、安装支架、馈线、防雷器、信号放大器和功分器等器件。

北斗卫星导航系统与 GPS 天馈系统拓扑保持一致，接口共用，同时拉远方案一致，只是接收频率不一样，GPS 天馈系统的频率为 1575.42MHz，北斗卫星导航系统的频率为 1561.098MHz。图 3-24 所示为 GPS 天馈系统。

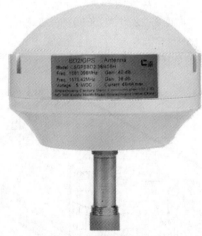

图 3-24　GPS 天馈系统

GPS 天馈系统的主要参数如表 3-17 所示。

表 3-17　GPS 天馈系统的主要参数

主要参数	参数值
频率范围（MHz）	1575.42±5
增益（dBi）	38±2（含 LNA）
直流供电电压（V）	4~6V
供电电流（mA）	≤45
天线接口方式	N(Female)
天线尺寸（直径×高）（mm）	96×112

续表

主要参数	参数值
天线质量（kg）	0.2
工作温度（℃）	−40~+85
储蓄温度（℃）	−55~+85
工作湿度（%）	95
工作风速（km/h）	140
极限风速（km/h）	200

若采用高灵敏度星卡 GPS，那么馈线的配置与 GPS 馈线长度有关，在有分路器和无分路器情况下的配置情况也不同。

4. RHUB

RHUB 用于实现 BBU 与 pRRU 之间的通信，应用于 LampSite 中。RHUB 主要配合 BBU 和 pRRU 使用，用于支持室内覆盖；接收 BBU 发送的下行数据转发给各 pRRU，并将多个 pRRU 的上行数据转发给 BBU；内置基于以太网的供电（Power over Ethernet，PoE）电路，通过 PoE 向 pRRU 供电。RHUB5921 支持光纤级联，最多支持 4 级级联。

RHUB 根据所提供的接口可分为电 RHUB 和光 RHUB。电 RHUB 提供电口，通过网线与 pRRU 相连；光 RHUB 提供光口和电口，通过光电混合缆与 pRRU 相连。

常见的电 RHUB 有 RHUB5921 和 RHUB5961，光 RHUB 有 RHUB5923 和 RHUB5963e。下面分别以 RHUB5921 和 RHUB5923 为例展示 RHUB 的接口和指示灯。

（1）RHUB5921

RHUB5921 是一款电 RHUB，内置 PoE 电路，通过 PoE 电路向 pRRU 供电，并通过网线连接 pRRU，其外观如图 3-25 所示。

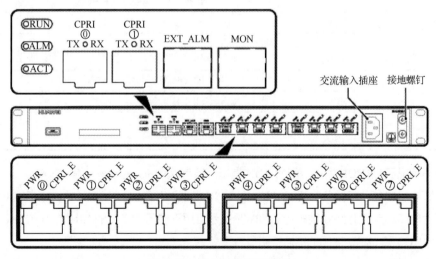

图 3-25　RHUB5921 的外观

RHUB 的所有物理接口、指示灯均位于盒体的前面板上。RHUB5921 各接口及其说明如表 3-18 所示。

表 3-18　RHUB5921 各接口及其说明

接口	连接器类型	说明
CPRI0 和 CPRI1	DLC 连接器或 LC 连接器	光传输接口，用于传输 CPRI 信号；可连接 BBU/DCU 或级联 RHUB
EXT_ALM	RJ45 连接器	告警接口，用于监控外围设备的告警
MON	RJ45 连接器	监控接口，用于监控外围配套设备
PWR0～PWR7/ CPRI_E0～CPRI_E7	RJ45 连接器	RHUB 与 pRRU 间的传输供电接口
交流输入插座	C13 公型连接器	用于交流电源输入
接地螺钉	OT 端子（6mm², M4）	用于连接保护地线。当保护地线采用单孔 OT 端子时，需连接面板靠下方的接地螺钉

RHUB 的 CPRI0 和 CPRI1 接口指示灯各状态及其说明可参考表 3-15。RHUB5921 的 RUN、ALM、ACT 指示灯各状态及其说明如表 3-19 所示。

表 3-19　RHUB5921 的 RUN、ALM、ACT 指示灯各状态及其说明

指示灯	颜色	状态	说明
RUN	绿色	常亮	有电源输入，RHUB 出现故障
		常灭	无电源输入或者 RHUB 工作出现故障/处于告警状态
		以 0.5Hz 的频率闪烁（1s 亮，1s 灭）	RHUB 正常运行
		以 4Hz 的频率闪烁（0.125s 亮，0.125s 灭）	设备正在加载软件或进行数据配置、RHUB 未开工
ALM	红色	常亮	告警状态，需要更换 RHUB
		常灭	无告警
		以 0.5Hz 的频率闪烁（1s 亮，1s 灭）	告警状态，不能确定是否需要更换 RHUB
ACT	绿色	常亮	RHUB 激活状态，正常提供业务
		常灭	RHUB 未激活
		以 0.5Hz 的频率闪烁（1s 亮，1s 灭）	调试状态

在正常情况下，RHUB 的指示灯为 RUN 指示灯绿色以 0.5Hz 的频率闪烁（1s 亮，1s 灭）、ALM 指示灯常灭、ACT 指示灯绿色常亮、CPRI0 和 CPRI1 指示灯绿色常亮。RHUB5921 是电 RHUB，使用的接口为电口，电口上有两个指示灯，PWR 指示灯用于展示 pRRU 的供电情况，CPRI_E 指示灯用于展示 RHUB 和 pRRU 之间的传输链路是否正常。

（2）RHUB5923

RHUB5923 是光 RHUB，通过 CPRI_O0～CPRI_O7 接口，并使用光电混合缆实现 RHUB 和 pRRU 之间的连接，其外观如图 3-26 所示。

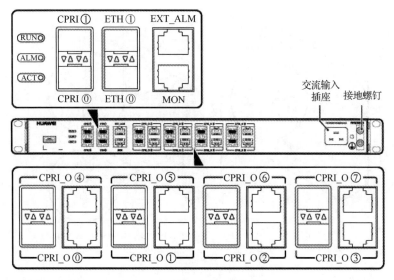

图 3-26　RHUB5923 的外观

RHUB5923 的 CPRI0 和 CPRI1 接口、EXT_ALM 接口、MON 接口及接地螺钉的状态说明可参考表 3-16，其余接口及其说明如表 3-20 所示。

表 3-20　RHUB5923 的接口及其说明

接口标识	连接器类型	说明
ETH0 和 ETH1	DLC 连接器或 LC 连接器	编码为 02312FGX 的 RHUB5923：RHUB 与交换机的 ETH 信号传输的光接口。 编码为 02312MYX 的 RHUB5923：无此接口
CPRI_O0~CPRI_O7	RJ45 型电源连接器和 LC 连接器	它们是 RHUB5923 与 pRRU 间的光传输和供电接口。 SFP：光传输接口，用于 RHUB 与 pRRU 间的数据传输。 RJ45：供电接口，用于 pRRU 的供电
交流输入插座	C19 公型连接器	用于交流电源输入

RHUB5923 的状态指示灯与 RHUB5921 的状态指示灯一样，可参考表 3-15 和表 3-18。

RHUB5923 通过光电混合缆和 pRRU 相连，光电混合缆需一个电口（用于供电）和一个光口（用于数据传输）进行连接，这两个接口的状态统一用一个指示灯 CPRI_O 表示。

5. pRRU

pRRU 主要实现射频信号处理功能，应用于 LampSite。

在常见的 pRRU 类型中，室内场景适用的有 pRRU5921、pRRU5930L、pRRU5933、pRRU5935、pRRU5935E、pRRU5936 和 pRRU5952 等，室外场景适用的仅有 pRRU5927，这些 pRRU 设备均支持 5G 制式。

下面以 pRRU5936 为例进行介绍。pRRU5936 的外观如图 3-27 所示。

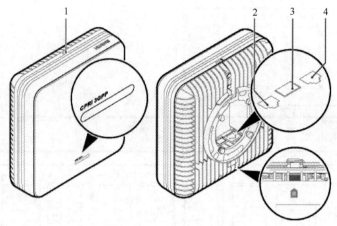

1—安全锁孔；2—ETH CPRI_E1；3—CPRI RX/TX；4—PoE/DC CRPI_E0

图 3-27   pRRU5936 的外观

pRRU5936 的接口及其说明如表 3-21 所示。

表 3-21   pRRU5936 的接口及其说明

接口标识	连接器类型	说明
PoE/DC CPRI_E0	RJ45 型电源连接器	与电 RHUB 连接的接口，传输电 RHUB 与 pRRU 间的数据，支持 PoE，也支持以 RJ45 电源连接器的 DC 供电
ETH CPRI_E1	RJ45 连接器	预留，不使用
CPRI RX/TX	LC 连接器	与光 RHUB 连接的接口，传输光 RHUB 与 pRRU 间的数据
▭	不涉及	安全锁孔，用于保障 pRRU5936 的安全；设备锁不配发，有需求的客户需要自备
Ⓡ	不涉及	设备防拆开关，用于设备防拆

CPRI_E0 接口上方有 PoE/DC 丝印，表示 CPRI_E0 接口支持 PoE/DC 供电。在 PoE 模式下，pRRU5936 只能连接电 RHUB 且 CPRI RX/TX 接口不能连接光模块；在 DC 供电模式下，pRRU5936 只能连接光 RHUB 且 ETH CPRI_E1 和 PoE/DC CPRI_E0 接口不能连接电 RHUB。

pRRU5936 的指示灯各状态及其说明如表 3-22 所示。

表 3-22   pRRU5936 的指示灯各状态及其说明

指示灯	颜色	状态	说明
3GPP	白色和橙色	白灯以 4Hz 的频率闪烁（0.125s 亮，0.125s 灭）	正在加载软件或进行数据配置、pRRU5936 未开工
		白灯以 0.5Hz 的频率闪烁（1s 亮，1s 灭）	设备开工，正常运行，未发功
		白灯常亮	小区建立，发功正常
		橙灯常亮	pRRU5936 硬件出现故障

续表

指示灯	颜色	状态	说明
3GPP	白色和橙色	橙灯以 0.5Hz 的频率闪烁（1s 亮，1s 灭）	次要告警（如 HDLC 链路断开）
		常灭	pRRU5936 未上电
CPRI	白色	常亮	CPRI_E0 电接口或 CPRI 光接口链路正常且 CPRI_E1 接口无网线连接； CPRI_E1 接口链路不正常，但 CPRI_E1 接口有网线连接
		以 0.5Hz 的频率闪烁（1s 亮，1s 灭）	CPRI_E1 接口链路正常且 CPRI_E0 电接口或 CPRI 光接口链路正常
		以 4Hz 的频率闪烁（0.125s 亮，0.125s 灭）	无光模块插入且 CPRI_E0 电接口物理层已连接，但链路不正常； 有光模块插入，但 CPRI 光接口链路不正常
		常灭	无光模块插入且 CPRI_E0 电接口物理层未连接

在正常情况下，3GPP 指示灯"白灯以 0.5Hz 的频率闪烁（1s 亮，1s 灭）"，CPRI 指示灯"以 0.5Hz 的频率闪烁（1s 亮，1s 灭）"；若 pRRU5936 的 3GPP 指示灯"白灯常亮"，CPRI 指示灯"常灭"，则模块进入安全版本状态，模块本身无故障，只需要与 BBU 建立链路并同步版本即可正常运行。

3.2.3 配套设备模块检查

前面两个小节介绍了 BBU 和射频模块，它们都属于基站的主要设备，接下来介绍基站配套设备模块的检查，主要包括直流配电单元和光模块等。

1. 直流配电单元

基站的直流配电单元有 DCDU 和 EPU 两种。DCDU 为机柜内各部件提供-48V 直流电源输入，EPU 通过配置升压分配模块（Boost Distribution Unit，BDU）为 RRU 提供-57V 直流电源输入。

（1）DCDU

DCDU 有 DCDU-12B 和 DCDU-15D 两种，高度均为 1U（1U=1.75in≈4.445cm），其外观如图 3-28 所示。DCDU-12B 提供 10 路-48V 直流电源输出，DCDU-15D 提供 11 路-48V 直流电源输出；相同的断器配置使得两者均可满足室内外宏站、小基站和分布式基站各种场景的配电需求。

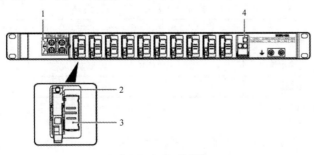

（a）DCDU-12B 的外观

图 3-28　DCDU 的外观

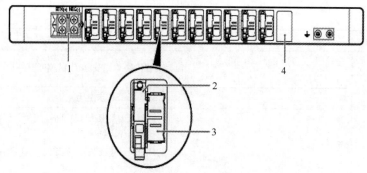

（b）DCDU-15D 的外观

1—直流输入端子；2—熔断器座；3—直流输出端子；4—熔断器备件盒

图 3-28　DCDU 的外观（续）

DCDU-12B 的接口说明如表 3-23 所示。

表 3-23　DCDU-12B 的接口说明

图例序号（对应图 3-28（a））	接口	面板标识	说明
1	直流输入端子	NEG（-）	负极输入接线端子
		RTN（+）	正极输入接线端子
2	熔断器座	LOAD0~LOAD9	分别控制 LOAD0~LOAD9 的通断，从而控制 BBU、风扇盒和传输设备等输入电流的通断。熔断器座上的指示灯指示了熔断器的状态：指示灯亮表示熔断器出现了故障，需要更换；指示灯灭表示熔断器正常工作
3	直流输出端子	LOAD0~LOAD9	直流输出规格：10×30A
4	熔断器备件盒	—	内置 3 个 30A 的备用熔断器

DCDU-15D 的接口说明如表 3-24 所示。

表 3-24　DCDU-15D 的接口说明

图例序号（对应图 3-28（b））	接口	面板标识	说明
1	直流输入端子	NEG（-）	负极输入接线端子
		RTN（+）	正极输入接线端子
2	熔断器座	LOAD0~LOAD10	分别控制 LOAD0~LOAD10 的通断，从而控制 BBU、RRU、风扇盒等输入电流的通断
3	直流输出端子	LOAD0~LOAD10	直流输出规格：11×30A
4	熔断器备件盒	—	内置 3 个 30A 的备用熔断器

（2）EPU

EPU02D/EPU02D-02 为直流配电单元，配置 BDU65-03 为 RRU 提供-57V 直流电源输入，插框上有 4 路-48V 直流电源输出，为 BBU、FAN 单板等设备供电。其外观如图 3-29 所示。

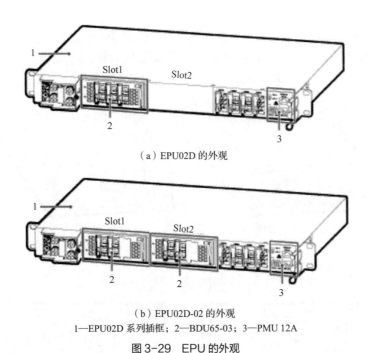

（a）EPU02D 的外观

（b）EPU02D-02 的外观
1—EPU02D 系列插框；2—BDU65-03；3—PMU 12A

图 3-29　EPU 的外观

① EPU02D 系列插框。EPU02D 系列插框为 BDU65-03 和 PMU 12A 提供插槽，并提供-48V 直流配电功能。EPU02D 插框可通过选配 BDU65-03 最多支持 6 路升压输出；EUP02D-02 插框可通过选配 BDU65-03 最多支持 3 路升压输出。EPU02D 系列插框的外观及接口如图 3-30 所示，EPU02D 系列插框的接口及其说明如表 3-25 所示。

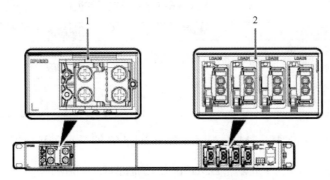

1—48V 输入接口；2—48V 输出接口

图 3-30　EPU02D 系列插框的外观及接口

表 3-25　EPU02D 系列插框的接口及其说明

接口	面板标识	连接器类型	说明
-48V 输入接口	INPUT	M6 单孔 OT 端子	用于连接直流输入电源线
-48V 输出接口	LOAD0～LOAD3	EPC4 连接器	用于为 BBU、风扇和传输设备供电（30A）

② BDU65-03。BDU65-03 是升压配电单元，将-57～-38.4V DC 转换为-57V DC 输出给 RRU；应用在 EPU02D 中时，提供 3×30A（Fuse）配电，应用在 EPU02D-02 中时，提供 2×30A（Fuse）配

电；具有输出过电流、过电压、过热保护等功能；自带风扇散热功能。BDU65-03 有两种外观，一种
应用于 EPU02D，另一种应用于 EPU02D-02，其外观如图 3-31 所示。

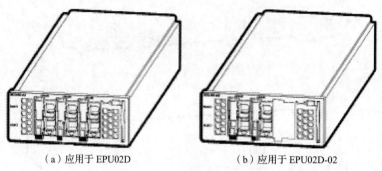

（a）应用于 EPU02D   （b）应用于 EPU02D-02

图 3-31   BDU65-03 的外观

BDU65-03 的接口如图 3-32 所示，其说明如表 3-26 所示。

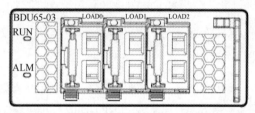 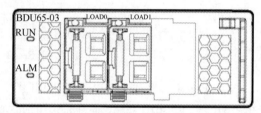

（a）应用于 EPU02D   （b）应用于 EPU02D-02

图 3-32   BDU65-03 的接口

表 3-26   BDU65-03 的接口及其说明

电源设备类型	接口名称	面板标识	连接器类型	保护器件规格
EPU02D	RRU、AAU 输出接口	LOAD0、LOAD1、LOAD2	EPC5 连接器/ EPC11 连接器	3×30A（Fuse）
EPU02D-02	RRU、AAU 输出接口	LOAD0、LOAD1	EPC5 连接器/ EPC11 连接器	2×30A（Fuse）

BDU65-03 上还有 RUN 和 ALM 两个指示灯，BDU65-03 的指示灯及其说明如表 3-27 所示。

表 3-27   BDU65-03 的指示灯及其说明

面板标识	含义	颜色	状态	说明
RUN	电源运行指示灯	绿色	常亮	模块正在启动、自检或加载激活
			闪烁（1s 亮，1s 灭）	模块已注册，通信正常
			闪烁（0.125s 亮，0.125s 灭）	模块未注册，通信链路断开
			常灭	模块无电源输入
ALM	故障指示灯	红色	常灭	模块正常，无故障或告警
			闪烁（1s 亮，1s 灭）	输入过/欠电压保护、过温保护、过电流保护，输出过电压保护，远程关机，输出短路保护
			常亮	风扇出现故障或内部通信出现故障

③ PMU 12A。电源管理单元（Power Management Unit，PMU）12A 为电源监控单元，配置在 EPU02D/EPU02D-02 中。PMU 12A 的主要功能为通过 RS485 接口与上位机通信；提供升压配电模块的管理功能；提供 1 路继电器节点开关量总告警上报功能。PMU 12A 的外观如图 3-33 所示。

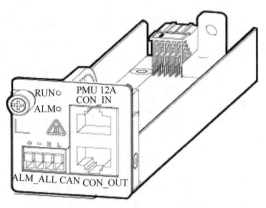

图 3-33　PMU 12A 的外观

PMU 12A 的接口如图 3-34 所示，其接口说明如表 3-28 所示。

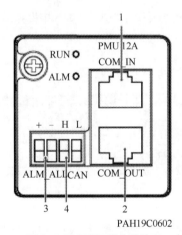

PAH19C0602

图 3-34　PMU 12A 的接口

表 3-28　PMU 12A 的接口及其说明

图例序号	面板标识	连接器类型	说明
1	COM_IN	RJ45 连接器	BBU 通信接口，连接 BBU 或者通信前级监控板
2	COM_OUT	RJ45 连接器	连接通信后级监控板
3	ALM_ALL	4-pin 连接器	继电器节点开关量信号输出接口，上报总告警信息
4	CAN	4-pin 连接器	预留接口，禁止连接线缆

PMU 12A 上有两个指示灯，其指示灯说明如表 3-29 所示。

表 3-29　PMU 12A 的指示灯及其说明

面板标识	含义	颜色	状态	说明
RUN	运行指示灯	绿色	常亮	单板启动、自检或者加载激活
			闪烁（1s 亮，1s 灭）	模块运行正常，与 BBU 的主控板通信正常
			闪烁（0.125s 亮，0.125s 灭）	无故障，但未正常通信
			常灭	模块出现故障或无 DC 输入
ALM	告警指示灯	红色	常亮	有告警，需要更换模块
			常灭	无告警
			闪烁（1s 亮，1s 灭）	有告警，不能确定是否需要更换模块

2. 光模块

光模块用于连接光接口与光纤，传输光信号。光模块分为单模光模块和多模光模块两种类型，可通过以下方式进行区分。

（1）若光模块拉环颜色为蓝色，则为单模光模块；若光模块拉环颜色为黑色或灰色，则为多模光模块。

（2）若光模块标签上的传输模式标识为"SM"，则为单模光模块；若光模块标签上的传输模式标识为"MM"，则为多模光模块。

光模块的外观如图 3-35 所示。

（a）单模光模块的外观

（b）多模光模块的外观

图 3-35　光模块的外观

常见的光模块封装类型有 SFP 光模块、四通道小型可插拔（Quad Small Form-factor Pluggable，QSFP）光模块、DSFP 光模块。

同一根光纤两端的光模块需要配对使用，每种光模块都有对应的配对关系，光模块混用可能会产生相关告警、误码或断链等性能风险。

单纤双向光模块可在一根光纤上同时进行光通道内的双向传输，双纤双向光模块需要两根光纤分别负责信号的收发。

BBU 和 AAU/RRU 之间的连接一般使用的是 SFP 光模块。SFP 光模块如图 3-36 所示。

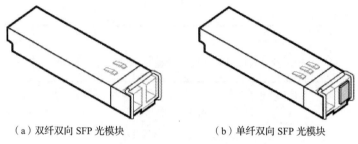

（a）双纤双向 SFP 光模块　　　　　（b）单纤双向 SFP 光模块

图 3-36　SFP 光模块

光模块上贴有标签，标签上包含速率、波长、传输距离和传输模式等信息。光模块的标签如图 3-37 所示。

1—速率；2—波长；3—传输距离；4—传输模式

图 3-37　光模块的标签

3.2.4　线缆模块检查

在基站的各主要设备和配套设备上都用到了保护地线、电源线、传输光纤、CPRI 光纤、告警线等多种线缆，在基站硬件检查中，线缆的检查是非常重要的一部分，下面逐一介绍各种线缆的作用和规格。

1. 保护地线

保护地线包括机柜保护地线和模块保护地线，用于保证机柜和机柜内的各模块良好接地，保障基站安全运行。机柜保护地线用于连接机柜内部接地排和站点接地排，以确保机柜良好接地；模块保护地线用于连接模块的接地螺钉和机柜内部的接地排，以确保模块良好接地。

不同应用场景下所需要的保护地线的规格不同，目前保护地线的规格有 $6mm^2$、$16mm^2$、$25mm^2$、$35mm^2$。

保护地线的两端一般分别连接在需要做接地保护的设备和接地排上，它的端子有两种，分别是 OT 端子和冷压端子，保护地线的外观如图 3-38 所示。保护地线可两端均为 OT 端子，如图 3-38（a）所示；也可一端为 OT 端子，另一端为冷压端子，如图 3-38（b）所示。

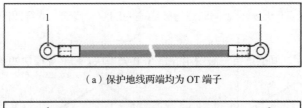

（a）保护地线两端均为 OT 端子

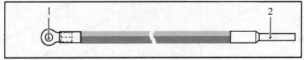

（b）保护地线一端为 OT 端子，另一端为冷压端子

1—OT 端子；2—冷压端子

图 3-38　保护地线的外观

2. 电源线

（1）BBU 电源线

BBU 电源线用于连接供电设备和 BBU，为 BBU 提供输入电源。BBU 电源线长度最大为 20m。当 BBU5900 用于双路供电场景时，BBU5900 电源线的外观如图 3-39 所示。

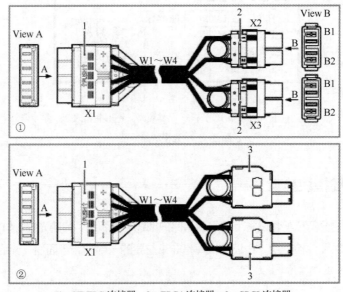

1—HDEPC 连接器；2—EPC4 连接器；3—SPCI 连接器

图 3-39　BBU5900 电源线的外观（双路供电场景）

BBU 电源线芯线的颜色设定如下：在大部分地区，RTN（+）线为黑色、NEG（-）线为蓝色；在欧洲大部分地区，RTN（+）线为棕色、NEG（-）线为蓝色；在英国，RTN（+）线为蓝色、NEG（-）线为灰色；在中国，RTN（+）线为红色、NEG（-）线为蓝色。

（2）RRU 电源线

RRU 的电源线为-48V 直流屏蔽电源线，其外观如图 3-40 所示，用于将外部的-48V 直流电源引入 RRU，为 RRU 提供工作电源。RRU 电源线默认支持 100m 的拉远距离。RRU 电源线芯线规格如下：欧洲标准为 4mm²、北美标准为 3.3mm²。RRU 电源线芯线的颜色与 BBU 电源线芯线的颜色一样，在不同国家和地区，其颜色也不相同。

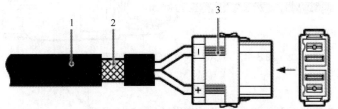

1—48V 直流电流线；2—屏蔽层；3—快速安装型母端（压接型）连接器

图 3-40　RRU 电源线的外观

（3）AAU 电源线

AAU 电源线有 -48V DC、220V AC、110V AC 双相线 3 种。

① AAU 电源线（-48V DC）。AAU -48V 直流电源线的外观如图 3-41 所示。此种 AAU 电源线芯线的颜色与 BBU 电源线芯线的颜色一样，在不同国家和地区，其颜色也不相同。

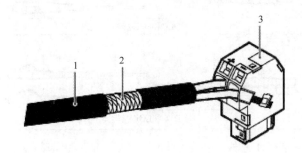

1—48V 直流电流线；2—屏蔽层；3—快速安装型母端（免螺钉型）连接器

图 3-41　AAU -48V 直流电源线的外观

② AAU 电源线（220V AC）。AAU 220V AC 电源线的外观如图 3-42 所示。此种 AAU 电源线的芯线有 3 根，分别为 L（棕色，相线）、N（蓝色，中性线）、PE（黄绿色，接地线），线芯的规格均为 1.5～2.5mm²。

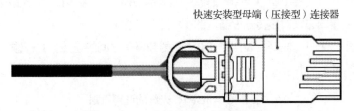

快速安装型母端（压接型）连接器

图 3-42　AAU 220V AC 电源线的外观

③ AAU 电源线（110V AC 双相线）。AAU 110V AC 双相线电源线的外观如图 3-43 所示。此种 AAU 电源线的芯线分为 L1（黑色线）、L2（红色线）和 PE（绿色线）3 种，线芯的规格均为 1.5～2.5mm²。

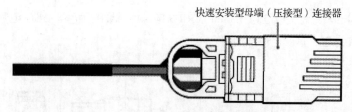

快速安装型母端（压接型）连接器

图 3-43 AAU 110V AC 双相线电源线的外观

3. 光纤

基站设备线缆中的光纤有两种，即 FE/GE 光纤和 CPRI 光纤。

（1）FE/GE 光纤。FE/GE 光纤用于传输 BBU 与传输设备之间的光信号。典型的 FE/GE 光纤长度为 10m、20m 或 30m。FE/GE 光纤的一端为 DLC 连接器，另一端为 FC、SC 或 LC 连接器，如图 3-44 所示。

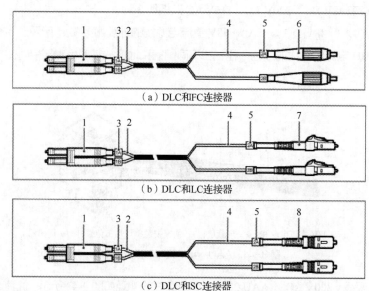

（a）DLC和FC连接器

（b）DLC和LC连接器

（c）DLC和SC连接器

1—DLC 连接器；2、4—分支光缆；3、5—分支光缆标签；6—FC 连接器；7—LC 连接器；8—SC 连接器

图 3-44 FE/GE 光纤两端的连接器

在采用 FE/GE 光纤对接 BBU 和传输设备时，应遵循 BBU 的 TX 接口必须对接传输设备侧的 RX 接口、BBU 的 RX 接口必须对接传输设备侧的 TX 接口的准则。

（2）CPRI 光纤。CPRI 光纤主要用于 BBU 和射频设备之间的连接，并传输 CPRI 信号。CPRI 光纤的选用原则如表 3-30 所示。

表 3-30 CPRI 光纤的选用原则

光纤可拉远距离	光模块速率	选用原则	连接对象
≤150m	2.5～6.144Gbit/s	多模光纤/单模直连光纤	用于连接 BBU 与 RRU/AAU 或 RRU/AAU 互联
	9.8～25Gbit/s	单模直连光纤	
≤20km	≤25Gbit/s	单模光纤（单模尾纤+主干单模光纤）	用于连接 BBU 与 RRU/AAU 或 RRU/AAU 互联

多模光纤用于连接 BBU 与 RRU/AAU，此时，其最大可拉远距离为 150m。

单模光纤可以用于连接 BBU 与 RRU/AAU，也可以作为连接 ODF 与 BBU/RRU/AAU 的单模尾纤。用于连接 BBU 与 RRU/AAU 时，其为单模直连光纤，单模直连光纤长度不能超过 BBU 与 RRU/AAU 之间的最大拉远距离；用于连接 ODF 与 BBU/RRU/AAU 时，BBU 侧单模尾纤最大长度为 20m，RRU/AAU 侧单模尾纤最大长度为 70m。

4. BBU 告警线

BBU 告警线用于将外部监控设备的告警信号上报给 BBU，BBU 告警线的最大长度为 20m。BBU 告警线的外观如图 3-45 所示。

图 3-45　BBU 告警线的外观

5. 跳线

（1）RRU 射频跳线

RRU 使用的射频跳线为直径为 0.5in（1.27cm）的跳线，用于射频信号的输入和输出。定长的 RRU 射频跳线长度可为 2m、3m、4m、6m 和 10m。不定长的 RRU 射频跳线最大长度为 10m。射频跳线的一端为 DIN 公型连接器，另一端为根据现场需求制作的连接器。

两端为 DIN 公型连接器的射频跳线的外观如图 3-46 所示。

图 3-46　两端为 DIN 公型连接器的射频跳线的外观

当 RRU 与 GPS 天线的距离在 10m 以内时，射频跳线一端连接 RRU 底部的 ANT 端口，另一端直接连接至天线。当 RRU 与 GPS 天线的距离超过 10m 时，推荐射频跳线一端连接 RRU 底部的 ANT 端口，另一端连接至 GPS 馈线，而 GPS 馈线的另一端连接至 GPS 天线。

（2）GPS 跳线

GPS 跳线用于连接 GPS 防雷器和 GPS 天线，最大长度为 100m。GPS 跳线的外观如图 3-47 所示。

图 3-47　GPS 跳线的外观

6. 网线

网线可连接 RHUB 与 pRRU，用于传输两者间的信号。连接 RHUB 与 pRRU 网线的外观如图 3-48 所示。网线连接 pRRU 的 CPRI_E0 接口时也为 pRRU 提供输入电源。5G 支持 CAT6A 网线，并为两端压接 RJ45 连接器头的网线。

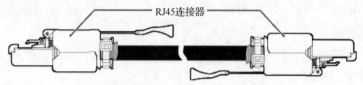

图 3-48　连接 RHUB 与 pRRU 网线的外观

7. 光电混合缆

光电混合缆可连接光 RHUB 和 pRRU，用于传输两者间的信号和电源，如图 3-49 所示。光电混合缆的外观如图 3-50 所示。

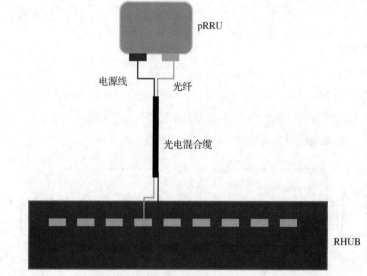

图 3-49　光电混合缆连接 RHUB 与 pRRU

1—LC 光纤连接器；2—RJ45 连接器

图 3-50　光电混合缆的外观

8. GPS 时钟信号线

GPS 时钟信号线用于连接 GPS 天馈系统，可将接收到的 GPS 信号作为 BBU 的时钟基准，一般在 GPS 时钟场景下配置。GPS 时钟信号线的外观如图 3-51 所示。

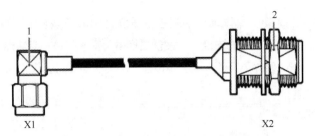

1—SMA 公型连接器；2—N 型母型连接器

图 3-51　GPS 时钟信号线的外观

9. 线缆工程标签

线缆工程标签按使用场景分为室内型标签和室外型标签。室内型标签包括束线式标签和刀形标签；室外型标签包括束线式标签、刀形标签、标牌式标签和色环标签。

束线式标签通常用于电源线；刀形标签通常用于信号线、E1/T1 线、光缆和电源线；标牌式标签通常用于馈线、光缆、信号线和电源线；色环标签通常用于天馈跳线。典型的线缆工程标签如图 3-52 所示。

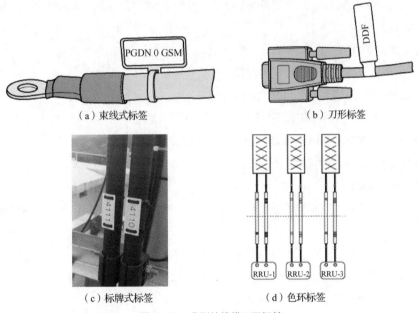

（a）束线式标签　　　　　　　（b）刀形标签

（c）标牌式标签　　　　　（d）色环标签

图 3-52　典型的线缆工程标签

本小节主要学习了 5G 基站的 BBU 模块、射频模块、配套设备模块以及线缆的检查，在硬件检查中主要包括基站单板的面板接口、指示灯状态、线缆连接等相关内容，读者要熟悉指示灯的各种状态，能够通过指示灯的状态来准确判断单板或设备的工作状态，并为现场维护工作提供有效的帮助。

3.3　5G 基站现场硬件更换

在基站硬件设备检查中，常常会发现一些硬件设备的接口可能已经损坏或无法正常工作，此时就需要进行现场的硬件更换操作。基站硬件的更换主要包括 BBU 模块及单板的更换、射频模块的更换、配套设备模块的更换以及线缆的更换，在设备更换中，有一些是不支持热插拔的，需要将设备下电之后再进行更换，所以硬件更换还需要了解设备上下电的相关内容。

3.3.1　设备上下电

基站各类设备的上下电操作流程大致相同，但具体的操作步骤和注意事项存在差异，这里将基站设备的上下电分为 BBU 上下电、AAU 上下电、RRU 上下电、RHUB 上下电、pRRU 上下电等环节，下面对它们逐一进行介绍。

1. BBU 上下电

当 BBU 应用于不同场景时，上电和下电的操作方式不同，站点需要根据 BBU 的应用场景选择对应的上下电方式。需要注意的是，机柜和 BBU 打开包装后 7 天内必须上电；后期维护时，两者的下电时间不能超过 48h。

（1）BBU 上电

这里以 BBU5900 安装在室外直流场景下以及安装在 APM5930（DC）机柜中为例，讲解其上电步骤及注意事项。

BBU 上电前提条件如下。

① BBU5900 的外部输入电源线已经安装完毕且连接正确。

② BBU5900 的电源输入已满足其电源系统要求。

③ 为 BBU5900 供电的外部电源已断开。

④ APM5930（DC）中的所有电源空开开关已全部置于"OFF"。

⑤ 机柜内的单板、模块和线缆已经安装完毕。

BBU 上电的步骤如下。

① 使用万用表的电阻挡测量设备的电源输入/输出端子与大地间的电阻值，确保无对地短路现象。

② 开启外部电源空开开关，为 APM5930（DC）上电。

③ 将 APM5930（DC）机柜中各个 DCDU 上接有负载的电源空开开关置于"ON"。

④ 按照表 3-31 检查各部件的供电情况。

表 3-31　BBU 上电检查各部件的供电情况

机柜	部件	供电正常指示
APM5930（DC）	风扇盒	RUN 指示灯：RUN 指示灯闪烁（0.125s 亮，0.125s 灭；或 1s 亮，1s 灭）。 ALM 指示灯：常灭
	前门风扇	风扇运行正常
—	RRU/AAU	RUN 指示灯：闪烁（1s 亮，1s 灭）。 ALM 指示灯：常灭

BBU 上电操作中的注意事项如下。

① 电源线极性反接或正负极短路可能会造成设备功能异常，甚至出现意外伤害，因此，上电前请务必检查电源线连接是否正确。

② 因上电检查涉及高电压操作，请在检查时注意安全，若与输入电压直接接触或通过潮湿物件与电压间接接触，则可能会危及生命。

（2）BBU 下电

BBU 有两种下电方式：常规下电和紧急下电。在设备搬迁、可预知的区域性停电等情况下，需要对 BBU 进行常规下电。机房出现着火、烟雾和水浸等现象时，需要对设备进行紧急下电。

BBU 常规下电的步骤：拔出电源板端快插接线端子或者拔出对应电源部件上的一对快插接线端子。

BBU 紧急下电的步骤：先关闭基站外部电源输入设备的开关，如果时间允许，再关闭 BBU 和电源部件上的电源开关。

需要注意的是，紧急下电可能导致 BBU 损坏，非紧急情况下请勿使用这种下电方式。

2. AAU 上下电

AAU 上电时，需要检查 AAU 的供电电压和指示灯的状态。AAU 下电时，可根据现场情况使用常规下电或紧急下电方式。

（1）AAU 上电

AAU 打开包装后 24h 内必须上电；在后期维护时，下电时间不能超过 24h。AAU 上电后，天线正常工作时，应确保人员距离 AAU 的正面方向满足当地区域法规要求。

AAU 上电的步骤如下。

① 将 AAU 配套电源设备上对应的空开开关置为"ON"或者插上对应的电源端子，为 AAU 上电。

② 等待 3～5min 后，查看 AAU 指示灯的状态。当 AAU 正常工作时，RUN 指示灯 1s 亮、1s 灭；ALM 指示灯常灭。

③ 根据指示灯的状态进行下一步操作。若 AAU 运行正常，则上电结束；若 AAU 发生故障，则将配套电源设备上对应的空开开关置为"OFF"或者拔下对应的电源端子，排除故障后再进行 AAU 上电操作。

（2）AAU 下电

与 BBU 下电类似，AAU 下电时，可根据现场情况使用常规下电或紧急下电方式。

AAU 常规下电的步骤：将 AAU 配套电源设备上对应的空开开关置为"OFF"或者拔下对应的电源端子。

AAU 紧急下电的步骤：关闭 AAU 配套电源设备的外部输入电源；如果时间允许，再将 AAU 配套电源设备上对应的空开开关置为"OFF"或者拔下对应的电源端子。

需要注意的是，紧急下电可能导致 AAU 损坏，非紧急情况下请勿使用这种下电方式。

3. RRU 上下电

RRU 上电时，需要检查 RRU 指示灯的状态。RRU 下电时，可根据现场情况使用常规下电或紧急下电方式。

（1）RRU 上电

RRU 上电的前提条件是 RRU 硬件及线缆已安装完毕；DC RRU 电源输入端口的电源电压为 −57～−36V；AC RRU 电源输入端口的电源电压为 100～240V。RRU 打开包装后 24h 内必须上电；后期维护时，下电时间不能超过 24h。

RRU 上电的步骤如下。

① 将 RRU 配套电源设备上对应的空开开关置为"ON"或者插上对应的 EPC 端子，为 RRU 上电。此时需要注意的是，在 RRU 上电后不要直视光模块。

② 等待 3～5min 后，查看 RRU 指示灯的状态。

③ 根据 RRU 指示灯的状态进行下一步操作。若 RRU 运行正常，则上电结束；若 RRU 发生故障，则将配套电源设备上对应的空开开关为"OFF"或者拔下对应的 EPC 端子，排除故障后转再进行 RRU 上电操作。

（2）RRU 下电

RRU 下电与 BBU 下电类似，可根据现场情况使用常规下电或紧急下电方式。

RRU 常规下电的步骤：将 RRU 配套电源设备上对应的空开开关置为"OFF"或者拔下对应的 EPC 端子。需要注意的是，如果存在 RRU 级联的情况，则要考虑下电操作对下级 RRU 的影响，以免引起业务中断。

RRU 紧急下电的步骤：关闭 RRU 配套电源设备的外部输入电源；如果时间允许，再将 RRU 配套电源设备上对应的空开开关置为"OFF"或者拔下对应的 EPC 端子。需要注意的是，紧急下电可能导致 RRU 损坏，非紧急情况下请勿使用这种下电方式。

4. RHUB 上下电

RHUB 上电时需要检查 RHUB 指示灯的状态。RHUB 下电时，可根据现场情况使用常规下电或紧急下电方式。

（1）RHUB 上电

RHUB 采用了交流和直流两种电源输入方式。RHUB 上电的前提条件是 RHUB 的电源线没有与电源连接，即插头处于拔开状态。RHUB 打开包装后 7 天内必须上电；后期维护时，下电时间不能超过 7 天。

RHUB 上电的步骤如下。

① 插上 RHUB 电源插头，为 RHUB 上电。

② 等待 3～5min 后，查看 RHUB 面板上 RUN 指示灯的显示状态，根据显示状态进行后续处理。RHUB 的 RUN 指示灯的状态说明及其处理方法如表 3-32 所示。

表 3-32　RHUB 的 RUN 指示灯的状态说明及其处理方法

RUN 指示灯状态	说明	处理方法
常亮	有电源输入，但单板出现故障	应立即关闭 RHUB 电源，排除单板故障后再重新上电
常灭	无电源输入或单板工作于告警状态	应立即关闭 RHUB 电源，再次检查电源输入情况。如无异常，则排除单板故障后再重新上电

RUN 指示灯状态	说明	处理方法
1s 亮，1s 灭	设备正常运行	上电结束
0.125s 亮，0.125s 灭	单板软件加载中	应等待软件加载结束，如等待 5min 仍未加载结束，则应关闭 RHUB 电源，检查数据配置文件的正确性，排除问题后再重新上电

（2）RHUB 下电

RHUB 下电与 BBU 下电类似，可根据现场情况使用常规下电或紧急下电方式。

RHUB 常规下电的步骤：拔掉 RHUB 电源线的插头，以断开 RHUB 与外部交流电源之间的连接；如果 RHUB 配备了外部电源输入设备，则应关闭控制 RHUB 电源的外部电源输入设备的开关。

RHUB 紧急下电的步骤：关闭控制 RHUB 电源的外部电源输入设备的开关。

下电会导致业务中断，如果需进行下电操作，则必须先对业务进行相关处理。

5. pRRU 上下电

（1）pRRU 上电

pRRU 上电的前提条件是 pRRU 硬件及线缆已安装完毕。pRRU 打开包装后 7 天内必须上电；后期维护时，下电时间不能超过 7 天。

pRRU 上电的步骤如下。

① 为 pRRU 上电。pRRU 支持 PoE/DC 供电方式，通过网线/光电混合缆连接 RHUB 与 pRRU，为 RHUB 上电后，pRRU 即通电。

② 等待 3～5min 后，查看 pRRU3901 的 RUN 指示灯或其他 pRRU 的 3GPP 指示灯的状态，根据表 3-33 进行相应的处理。

表 3-33　pRRU 指示灯的状态说明及其处理方法

设备	指示灯状态	说明	处理方法
pRRU3901	常亮	有电源输入，但单板出现故障	应立即关闭供电电源，排除单板故障后再重新为 pRRU3901 上电
	常灭	无电源输入	应立即关闭供电电源，再次检查电源输入情况
	以 0.5Hz 的频率闪烁（1s 亮，1s 灭）	pRRU3901 正常运行	结束本次操作
	以 4Hz 的频率闪烁（0.125s 亮，0.125s 灭）	单板软件加载中	应等待软件加载结束，如等待 5min 仍未加载结束，则应关闭供电电源，检查数据配置文件的正确性，排除问题后再重新上电
其他 pRRU	白灯以 4Hz 的频率闪烁（0.125s 亮，0.125s 灭）	设备正在加载软件或进行数据配置、单板未开工	应等待软件加载结束，如等待 5min 仍未加载结束，则应关闭供电电源，检查数据配置文件的正确性，排除问题后再重新上电
	白灯以 0.5Hz 的频率闪烁（1s 亮，1s 灭）	设备开工，正常运行，未发功	应检查业务是否配置，功放是否打开
	白灯常亮	小区建立，发功正常	结束本次操作

续表

设备	指示灯状态	说明	处理方法
其他 pRRU	橙灯常亮	有电源输入，但设备硬件出现故障	应立即关闭供电电源，排除设备硬件故障后再重新上电
	橙灯以 0.5Hz 的频率闪烁（1s 亮，1s 灭）	次要告警（如 HDLC 断链）	应进行告警排查
	常灭	单板未上电	应立即关闭供电电源，再次检查电源输入情况。如无异常，则需排除单板故障后再重新上电

（2）pRRU 下电

pRRU 下电与 BBU 下电类似，可根据现场情况使用常规下电或紧急下电方式。需要注意的是，下电会导致业务中断，如果需要进行下电操作，则必须先对业务进行相关处理。

pRRU 常规下电的步骤：拔掉为 pRRU 供电的网线或光电混合缆。

pRRU 紧急下电的步骤：关闭控制 pRRU 电源的外部电源输入设备的开关，即关闭为 RHUB 供电的外部电源输入设备的开关。

3.3.2 基带模块硬件更换

1. 更换 BBU 框

（1）前提条件

更换 BBU 框的前提条件如下。

① 如果基站存在 NR 制式，则需要提前准备调测 License。

② 已确认待更换 BBU 框的数量、类型，并准备好新盒体。

③ 已准备好工具和材料：防静电腕带/防静电手套、M3 十字螺钉旋具。

④ 已被获准进入站点，并带好钥匙。

（2）更换 BBU 框的操作流程

更换 BBU 框的操作流程如下。

① 接收远端工程师的通知，准备更换单板。

② 佩戴防静电腕带或防静电手套。更换时请确保采用正确的静电释放防护措施，如佩戴防静电腕带或防静电手套，以避免单板、模块或电子部件遭受静电损害。

③ 为 BBU 下电。

④ 记录 BBU 盒体各单板面板上所有线缆的连接位置。

⑤ 拆卸 BBU 盒体各单板面板上的电源线、传输线、CPRI 线缆和告警线。需要注意的是，在已开通基站上拆卸 BBU 电源线时，必须先拆卸供电设备侧的连接器，再拆卸 BBU 侧的连接器。如果拆卸顺序相反，则可能导致部件损坏或遭受人身伤害。

⑥ 拧松 BBU 盒体上的 4 颗 M6 螺钉，拉出 BBU 盒体。拆卸 BBU 框时的 4 颗 M6 螺钉的安装位置如图 3-53 所示。

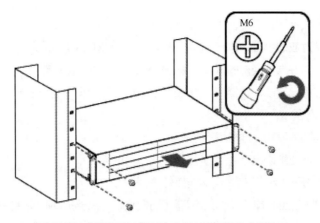

图 3-53　拆卸 BBU 框时的 4 颗 M6 螺钉的安装位置

⑦ 拆卸故障 BBU 盒体上的所有单板，并将其安装到新盒体中的相应位置，在空闲槽位上安装好面板。

⑧ 拆卸故障 BBU 盒体上两侧的走线爪，并将其安装到新盒体的相应位置，紧固力矩为 1.2N·m。

⑨ 安装新的 BBU 盒体，使用 M6 十字螺钉旋具拧紧盒体上的螺钉，紧固力矩为 2N·m，并根据记录的线缆位置安装线缆。

⑩ 为 BBU 上电。

⑪ 根据 BBU 上单板指示灯的状态判断新的 BBU 盒体是否正常工作。

⑫ 取下防静电腕带或防静电手套，并收好工具。

⑬ 通知远端工程师已完成单板更换。

⑭ 接收到远端工程师的通知后，在站点上进行业务验证。

更换 BBU 盒体之后，基站会自动进入宽限期（一般为 60 天），需要在宽限期内尽快根据新 BBU 盒体的 ESN 申请正式许可证。先将更换下来的部件放入防静电包装袋，再将其放入垫有填充泡沫的纸板盒中（也可使用新部件的包装）。填写故障卡，记录更换下的部件的信息。与华为公司当地办事处取得联系，处理可能已经出现故障的部件。

2. 更换 UMPT 单板

更换 UMPT 单板对站点业务有一定的影响，如果未配置备用 UMPT 单板，则更换 UMPT 单板将导致该基站所承载的业务完全中断，故需要在 10min 内完成更换。UMPT 单板支持热插拔。

更换 UMPT 单板时，需要在远端完成告警查询、闭塞和解闭塞基站小区等操作，同时需要在近端完成单板更换、业务验证等操作，所以近端和远端工程师应配合进行操作，其具体操作流程如下。

（1）远端的操作流程

① 查询基站告警，获取告警列表。

② 闭塞基站对应的所有小区，执行 MML 命令"BLK NRDUCELL"。

③ 备份数据配置文件和许可证。

④ 进行恢复软件及数据准备操作。

⑤ 通知站点工程师在近端更换 UMPT 单板。

⑥ 加载数据配置文件和许可证。

⑦ 解闭塞该基站对应的小区，执行 MML 命令"UBL NRDUCELL"。

⑧ 浏览当前告警，并与更换前的告警列表进行对比，处理新增的告警。

⑨ 通知站点工程师已完成远端操作，请站点工程师在近端进行业务验证。

（2）近端的操作流程

① 接收远端工程师的通知，准备更换单板。

② 佩戴防静电腕带或防静电手套。

③ 记录 UMPT 单板面板上所有线缆的连接位置。

④ 拆卸 UMPT 单板上的传输线，如果配置了防雷板，则需要拆卸防雷转接线。

⑤ 拧松 UMPT 单板上的 2 颗 M3 螺钉，拉出拉手条，取出 UMPT 单板。注意，在取出 UMPT 单板的过程中，要双手拿板并将单板缓慢取出。

⑥ 根据故障单板上拨码开关的状态设置新的单板拨码开关。

⑦ 安装新单板，扣上拉手条，拧紧单板上的螺钉，紧固力矩为 0.6N·m，安装线缆。

⑧ 根据指示灯的状态判断新单板是否正常工作。

⑨ 如果更换 UMPT 单板前采取了近端恢复软件及数据准备的操作，则在 LMT 上或 USB 闪存盘上进行数据恢复。

⑩ 取下防静电腕带或防静电手套，并收好工具。

⑪ 接收远端工程师的通知后，在站点上进行业务验证。

3. 更换 UBBP 单板

更换 UBBP 单板会对站点业务有影响，如果只配置了 1 块 UBBP 单板，则会导致 UBBP 下对应小区的业务中断。UBBP 单板支持热插拔。

更换 UBBP 单板与更换 UMPT 单板的操作相似，也需要近端和远端工程师配合进行操作，其具体操作流程如下。

（1）远端的操作流程

① 查询基站告警，获取告警列表。

② 执行 MML 命令"BLK BRD"，闭塞 UBBP 单板。

③ 通知站点工程师在近端更换 UBBP 单板。

④ 接收站点工程师已完成 UBBP 单板更换的通知。

⑤ 执行 MML 命令"UBL BRD"，解闭塞 UBBP 单板。

⑥ 浏览当前告警，并与更换前的告警列表进行对比，处理新增的告警。

⑦ 参考同步存量数据进行手工同步操作。

⑧ 通知站点工程师已完成远端操作，请站点工程师在近端进行业务验证。

（2）近端的操作流程

① 接收远端工程师的通知，准备更换 UBBP 单板。

② 佩戴防静电腕带或防静电手套。

③ 记录 UBBP 单板面板上所有线缆的连接位置。

④ 拆卸 UBBP 单板上的 CPRI 光纤，先拆卸光纤，再拔出光模块，如图 3-54 所示。

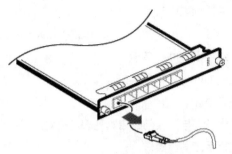

图 3-54　拆卸 CPRI 光纤

⑤ 拆卸 UBBP 单板上的 2 颗 M3 螺钉；拉出拉手条，取出 UBBP 单板，分别如图 3-55 中的①和②所示。

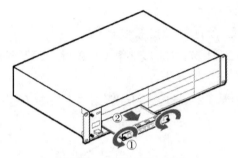

图 3-55　拆卸 UBBP 单板

⑥ 安装新的 UBBP 单板，扣上拉手条，拧紧新 UBBP 单板上的螺钉，紧固力矩为 0.6N·m，安装线缆。

⑦ UBBP 单板启动后等待 15min 左右，根据指示灯的状态判断新的 UBBP 单板是否正常工作。

⑧ 取下防静电腕带或防静电手套，并收好工具。

⑨ 通知远端工程师已完成 UBBP 单板更换。

⑩ 接收远端工程师的通知后，在站点上进行业务验证。

4. 更换 UPEU 单板

更换 UPEU 单板会对站点业务有影响，可能产生的影响如下。

① 如果基站只配置了一块 UPEU 单板且 UPEU 单板发生了故障，则更换 UPEU 单板将导致 BBU 断电，业务中断。

② 如果基站配置了两块 UPEU 单板且其中一块 UPEU 单板发生了故障，则更换出现故障的 UPEU 单板时将导致该 UPEU 单板无法监控外部设备。

③ 如果基站配置了两块 UPEU 单板且两块 UPEU 单板处于均流模式，则当其中一块 UPEU 单板发生故障时，更换该 UPEU 单板将导致整个 BBU 断电，业务中断。

更换 UPEU 单板与更换 UMPT 单板的操作相似，也需要近端和远端工程师配合进行操作，其操作流程如下。

（1）远端的操作流程

① 查询基站告警，获取告警列表。

② 闭塞基站对应的所有小区，执行 MML 命令"BLK NRDUCELL"，闭塞 gNB 的所有小区。

③ 通知站点工程师在近端更换 UPEU 单板。

④ 接收站点工程师已完成 UPEU 单板更换的通知。

⑤ 解闭塞基站对应的所有小区。

⑥ 通过监控和查看当前告警，与更换前的告警列表进行对比，处理新增的告警。

⑦ 参考同步存量数据进行手工同步操作。

⑧ 通知站点工程师已完成远端操作，请站点工程师在近端进行业务验证。

（2）近端的操作流程

① 接收远端工程师的通知，准备更换 UPEU 单板。

② 佩戴防静电腕带或防静电手套。

③ 记录 UPEU 单板面板上所有线缆的连接位置。

④ 关闭为 BBU 供电的空开开关，为 UPEU 单板下电，若无空开开关，则可直接拔下 BBU 电源线在供电设备端的连接器。

⑤ 拆卸 UPEU 单板上的电源线、监控线和告警线，如图 3-56 所示。

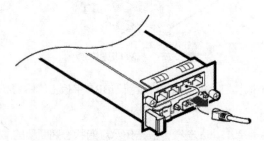

图 3-56　拆卸 UPEU 单板上的电源线、监控线和告警线

⑥ 拆卸 UPEU 单板上的 2 颗 M3 螺钉（见图 3-57①），并拉出 UPEU 模块（见图 3-57②）。

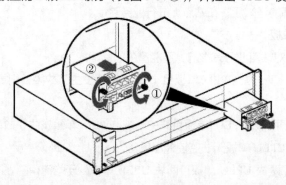

图 3-57　拆卸 UPEG 单板上的螺钉并拉出 UPEU 模块

⑦ 安装新的 UPEU 单板，扣上拉手条，拧紧 UPEU 单板上的螺钉，紧固力矩为 0.6N·m，安装线缆。

⑧ 打开 BBU 的供电设备电源开关，为新 UPEU 单板上电。

⑨ 根据指示灯的状态判断新 UPEU 单板是否正常工作。

⑩ 取下防静电腕带或防静电手套，收好工具。

⑪ 通知远端工程师已完成 UPEU 单板更换。

⑫ 接收远端工程师的通知后，在站点上进行业务验证。

5. 更换 FAN 单板

更换 FAN 单板会造成 BBU 无法通风散热，导致工作温度升高，可能会上报高温告警，需在 3min 内完成更换。FAN 单板支持热插拔。

更换 FAN 单板与更换 UMPT 单板相似，也需要近端和远端工程师配合进行操作，其具体操作流程如下。

（1）远端的操作流程

① 查询基站告警，获取告警列表。

② 通知站点工程师在近端更换 FAN 单板。

③ 接收站点工程师已完成 FAN 单板更换的通知。

④ 浏览当前告警，并与更换前的告警列表进行对比，处理新增的告警。

⑤ 参考同步存量数据进行手工同步操作。

⑥ 通知站点工程师已完成远端操作，请站点工程师在近端进行业务验证。

（2）近端的操作流程

① 接收远端工程师的通知，准备更换 FAN 单板。

② 佩戴防静电腕带或防静电手套。

③ 拧松 FAN 单板上的 2 颗 M3 螺钉，拉出 FAN 单板。此时需要注意的是，在取出 FAN 单板的过程中，应双手拿板，将单板缓慢取出；在搬运 FAN 单板的过程中，应双手拿板，禁止单手持板。若故障风扇中仍有一个或多个风扇是转动的，则在拔出风扇后应确保手不要接触正在转动的风扇，以免受伤。

④ 安装新的 FAN 单板，拧紧 FAN 单板上的螺钉（其扭力矩为 0.6N·m）。

⑤ 根据指示灯的状态判断新 FAN 单板是否正常工作。

⑥ 取下防静电腕带或防静电手套，并收好工具。

⑦ 通知远端工程师已完成 FAN 单板更换。

⑧ 接收远端工程师的通知后，在站点上进行业务验证。

更换完 FAN 单板后，可以将更换下来的部件放入防静电包装袋，并放入垫有填充泡沫的纸板盒（可使用新部件的包装）。填写故障卡，记录更换下的部件的信息。与华为公司当地办事处取得联系，处理可能已经出现故障的部件。

3.3.3 射频模块硬件更换

射频模块硬件更换主要包括更换 AAU、更换 RRU 或 pRRU、更换 RHUB 以及更换光模块等。

1. 更换 AAU

更换 AAU 将导致其承载的业务中断。更换 AAU 的前提条件：已准备好力矩扳手、防静电手套或防静电腕带、力矩螺钉螺具、吊装绳、定滑轮等工具和材料，已确认新的部件无损坏且其硬件版本与待更换部件一致。

更换 AAU 的操作流程如下。

① 执行 MML 命令"BLK BRD"，闭塞对应 AAU。

② 将 AAU 下电。

③ 佩戴防静电腕带或防静电手套。

④ 记录 AAU 上所有线缆的连接位置，并拆除所有线缆，主要包括光纤连接器、电源连接器及保护地线。拆除光纤连接器如图 3-58（a）所示，拧松室外快锁光纤连接器的螺母，将光纤从胶塞孔取出；打开扣合扳手并取下连接器，从光模块上拆除光纤。拆除电源连接器如图 3-58（b）所示，打开电源线室外快锁电源连接器的扳手，拆除电源线连接器即可。

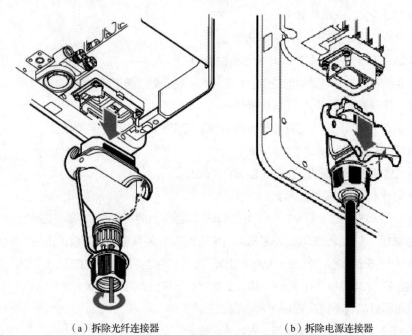

（a）拆除光纤连接器　　　　　　　　　（b）拆除电源连接器

图 3-58　拆除 AAU 上的线缆

⑤ 拆卸 AAU。首先，安装吊装绳及定滑轮，并将 AAU 绑扎牢固；其次，用力矩扳手拧松下辅扣件开口一端的方颈螺栓上的两颗 M12 螺母，将螺栓从卡槽移出，如图 3-59（a）所示；最后，用力矩扳手拆卸上扣件两侧的 M12 螺钉，用力拉吊装绳，上托 AAU，使 AAU 脱离上扣件的"U"形槽，将 AAU 拆卸下来，如图 3-59（b）所示。

⑥ 将旧的 AAU 吊装下塔，并拆卸 AAU 上的安装件。

⑦ 吊装和安装新的 AAU 及其安装件。

⑧ 插上与 AAU 连接的所有线缆。

⑨ 给 AAU 上电。

⑩ 根据 AAU 指示灯状态，判断新的 AAU 是否正常工作。

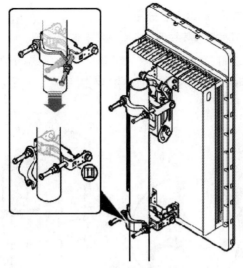

（a）拆卸下扣件

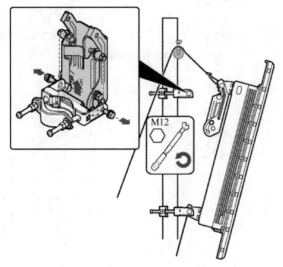

（b）拆卸上扣件

图 3-59　拆除 AAU

⑪ 执行 MML 命令"UBL BRD"，解闭塞对应的 AAU。

⑫ 取下防静电腕带或防静电手套，并收好工具。

2. 更换 RRU

在更换 RRU 之前，需要在 MAE 上执行闭塞对应 RRU 的操作，并将 RRU 下电。已准备好的工具和材料：防静电手套、M4 十字螺钉旋具、M5 十字螺钉旋具、M6 内六角力矩螺钉旋具、M10 力矩扳手、防水胶带、绝缘胶布等。确认需要更换的 RRU 的数量，准备好新的 RRU。

更换 RRU 的操作流程如下。

① 佩戴防静电手套。

② 刀片式 RRU 使用 M5 十字螺钉旋具拧松配线腔盖板螺钉，非刀片式 RRU 使用 M4 十字螺钉

旋具拧松配线腔盖板螺钉，并打开 RRU 配线腔。

③ 记录待更换 RRU 的配线腔及模块底部所有线缆的连接位置。

④ 按照先拆除电源线再拆除接地线的要求，依次拆下 RRU 配线腔内及模块底部的所有线缆。

⑤ 使用 M6 内六角力矩螺钉旋具拧松 RRU 转接件和主扣件上方连接孔的松不脱螺钉，如图 3-60 所示。

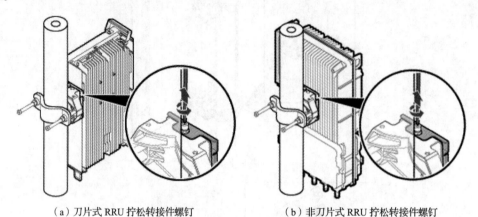

（a）刀片式 RRU 拧松转接件螺钉　　　　　　（b）非刀片式 RRU 拧松转接件螺钉

图 3-60　拧松 RRU 的转接件螺钉

⑥ 用力上托 RRU，将 RRU 拆卸下来，如图 3-61 所示。

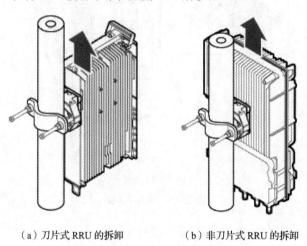

（a）刀片式 RRU 的拆卸　　　　　（b）非刀片式 RRU 的拆卸

图 3-61　拆卸 RRU

⑦ 安装新的 RRU。

⑧ 插上与 RRU 连接的所有线缆，做好射频跳线连接端口的防水处理，并确认配线腔上未走线的走线槽有防水胶棒堵住。

⑨ 关闭 RRU 的配线腔，用 M4 力矩螺钉旋具将配线腔盖板上的螺钉拧紧。

⑩ 为 RRU 上电。

3. 更换 RHUB

RHUB 负责将多个 pRRU 汇聚到 BBU 中。更换 RHUB 将导致其所服务的小区业务完全中断，所需时间约为 10min。更换 RHUB 之前，需要准备好新的 RHUB；记录与 RHUB 相连的线缆标识与位置；准备好工具，如扭力扳手、扭力螺钉旋具或十字螺钉旋具、防静电手套和橡胶锤。

不同型号的 RHUB 的更换方式相同，此处以 RHUB3908 为例进行介绍。

更换 RHUB 的操作流程如下。

① 为 RHUB 下电。

② 佩戴防静电手套。

③ 记录 RHUB 面板上所有线缆的连接位置。

④ 拔下与 RHUB 相连的所有线缆并做好绝缘防护措施。

⑤ 拆卸 RHUB。若 RHUB 安装在 19 英寸的机架、机柜或机箱中，则用扭力螺钉旋具或十字螺钉旋具卸下固定 RHUB 的 4 个挂耳螺钉即可，如图 3-62（a）所示；若更换在墙面上安装的 RHUB，则需要先用扭力扳手卸下固定 RHUB 挂耳的 4 个膨胀螺栓，再取下 RHUB，如图 3-62（b）所示。

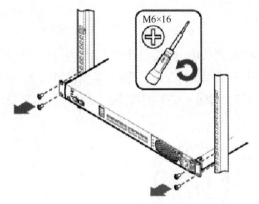

（a）RHUB 安装在 19 英寸的机架、机柜或机箱中

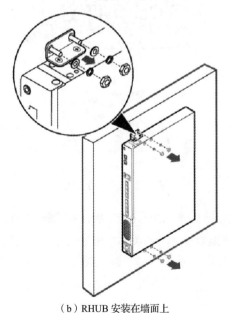

（b）RHUB 安装在墙面上

图 3-62　拆卸 RHUB

⑥ 将 RHUB 盒体从机架中取出。

⑦ 安装新的 RHUB。

⑧ 根据记录的线缆位置，将所有线缆连接至新 RHUB 盒体上。

⑨ 为 RHUB 上电。

⑩ 根据 RHUB 上单板指示灯的状态判断新的 RHUB 是否正常工作。

4. 更换 pRRU

pRRU 用于实现射频信号处理功能，更换 pRRU 将导致该 pRRU 所承载的业务完全中断。更换 pRRU 所需的时间约为 10min。

以下两种情况需要更换 pRRU：pRRU 内部功能模块及外壳损坏，或者 pRRU 制式演进增加扣卡。

更换 pRRU 的操作流程如下。

① 登录 MAE，闭塞对应的 pRRU，在 gNB 上执行 MML 命令"BLK BRD"。

② 佩戴防静电手套。

③ 为 pRRU 下电。

④ 拆卸 pRRU。拆卸 pRRU 时使用一字螺钉旋具，从图 3-63 所示位置压下防拆开关，并保持防拆开关处于打开状态；逆时针转动模块，并拆下模块。需要注意的是，压下防拆开关前，不能强行旋转模块进行拆卸且旋转模块时，要小心螺钉旋具掉落；解锁后注意轻拉出模块，防止与 pRRU 连接的光纤损坏。

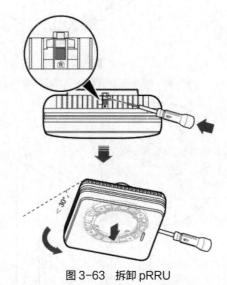

图 3-63　拆卸 pRRU

⑤ 记录 pRRU 面板接口上所有线缆的连接位置后，拔下线缆并做好绝缘防护措施。需要注意的是，pRRU 在上电工作时外壳温度较高，带电插拔线缆应在常温环境下进行，建议佩戴手套进行工程操作。

⑥ 安装新的 pRRU。

⑦ 为 pRRU 上电。

⑧ 根据 pRRU 上单板指示灯的状态判断新的 pRRU 是否正常工作。

⑨ 通知网络操作员解闭塞对应的 pRRU 模块，执行 MML 命令"UBL BRD"。

⑩ 取下防静电手套，收好工具。

5. 更换光模块

在更换光模块之前需要执行 MML 命令"DSP SFP"来查询光模块的类型，从命令中获取的"速率""波长"和"传输模式"字段可明确光模块的类型，根据光模块标签上的信息准备好相同类型的光模块。

光模块标签上的信息可参见图 3-37。

在 CPRI 不变的情况下，光模块、光纤或者电缆支持热插拔；在 CPRI 变更的情况下，插拔光模块、光纤或者电缆需要手工复位 RRU 才能保证业务正常。光模块的位置如图 3-64 所示。光模块包括单纤双向光模块和双纤双向光模块两种类型，下面以双纤双向光模块为例进行介绍。

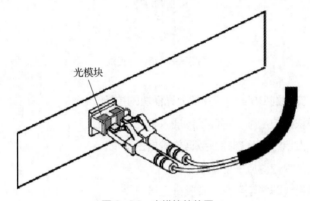

图 3-64　光模块的位置

更换光模块的操作流程如下。

① 佩戴防静电腕带或防静电手套。

② 记录光模块在单板上的位置。

③ 拆卸光纤连接器。按下光纤连接器上的突起部分，将光纤连接器从出现故障的光模块中拔下，如图 3-65 所示。需要注意的是，从光模块中拔出光纤后，请不要直视光模块，以免灼伤眼睛。

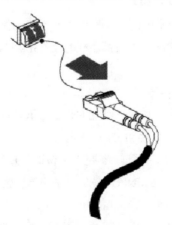

图 3-65　拆卸光纤连接器

④ 拆卸光模块。将出现故障的光模块上的拉环向下翻，将光模块拉出槽位，使其从 BBU 上拆下，如图 3-66 所示。

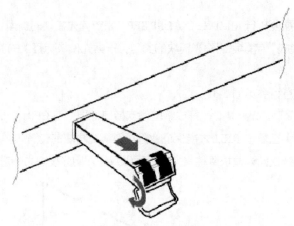

图 3-66　拆卸光模块

⑤ 将新的光模块安装到 BBU 中，并扣上光模块的拉环。

⑥ 取下新的光模块的防尘帽，将连接器插入新的光模块。

⑦ 根据相关单板指示灯的状态判断数据传输是否正常。

⑧ 通知远端工程师复位对应的射频模块。

⑨ 取下防静电腕带或防静电手套，并收好工具。

3.3.4　配套设备模块更换

5G 基站配套设备模块的更换主要包括更换 DCDU-12B 直流配电单元、更换 EPU02D/EPU02D-02 直流配电单元、更换 BDU65-03 升压配电单元、更换 PMU 12A 电源监控单元，下面将分别对它们的更换流程进行介绍。

1. 更换 DCDU-12B 直流配电单元

DCDU 是直流配电单元，为机柜内各部件提供-48V 直流电源输入。DCDU-12B 为 BBU 和 RRU 提供直流配电功能。更换 DCDU 将导致基站所承载的业务完全中断，更换所需的时间约为 20min。

更换 DCDU-12B 的流程如下。

① 佩戴防静电腕带或防静电手套。

② 修改管理状态，闭塞待更换 DCDU 供电的 BBU 上承载的所有小区和所有 RRU。

③ 关闭 DCDU 的上级供电设备，为 DCDU 下电。

④ 记录 DCDU 上所有直流输出端子连接器的连接位置，并拆下这些连接器。

⑤ 用十字螺钉旋具拆下 DCDU 的 INPUT 侧的端子座防护盖。

⑥ 拆卸 DCDU 上的输入电源线，如图 3-67 所示。

⑦ 拧松 4 颗 M6 螺钉，拉出 DCDU，4 颗 M6 螺钉的位置如图 3-68 所示。

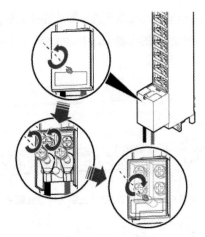

图 3-67　拆卸 DCDU 上的输入电源线

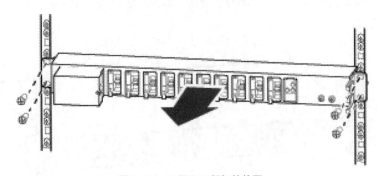

图 3-68　4 颗 M6 螺钉的位置

⑧ 缓慢推入并紧固 DCDU 两侧的 4 颗 M6 紧固螺钉，紧固力矩为 2N·m。

⑨ 拆下 DCDU 的直流输入电源线端子座防护盖，将之前拆下的电源线按照记录的连接位置安装到新的 DCDU 上，并重新安装防护盖。

⑩ 将之前拔下的线缆连接器根据记录的连接位置安装到 DCDU 的面板上。

⑪ 打开外部供电设备上为 DCDU 供电的电源空开开关。

⑫ 观察 BBU 和射频指示灯的状态，判断 DCDU 是否正常供电。

⑬ 取下防静电腕带或防静电手套，并收好工具。

2. 更换 EPU02D/EPU02D-02 直流配电单元

EPU02D/EPU02D-02 是直流配电单元，用于配置 BDU70-03 为 RRU/AAU 提供-57V 直流电源输入，其框上有 4 路-48V 直流电源输出，为 BBU、FAN 等设备供电。更换 EPU02D/EPU02D-02 会导致由 EPU02D/EPU02D-02 供电的设备所承载的业务完全中断，更换所需的时间约为 20min。

EPU02D/EPU02D-02 在不同机柜中的安装位置、安装方式相同，这里以 EPU02D-02 为例进行说明。

更换 EPU02D-02 的流程如下。

① 佩戴防静电腕带或防静电手套。

② 关闭 EPU02D-02 的上级供电设备，为 EPU02D-02 下电。

③ 记录 EPU02D-02 面板上所有直流输出端子连接器的连接位置，并拆下这些连接器。

④ 用十字螺钉旋具拆卸 EPU02D-02 的直流输入电源线端子座防护盖，如图 3-69 所示。

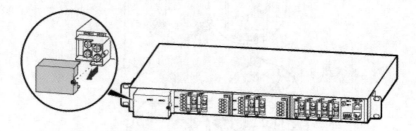

图 3-69　拆卸 EPU02D-02 的直流输入电源线端子座防护盖

⑤ 记录直流输入电源线的连接位置，并拆下电源线。

⑥ 使用十字螺钉旋具拧下 EPU02D-02 两侧的 4 颗紧固螺钉，将 EPU02D-02 沿导轨缓缓拉出机柜，如图 3-70 所示。

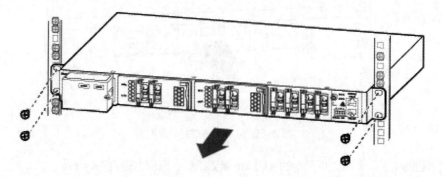

图 3-70　拆卸 EPU02D-02

⑦ 将新的 EPU02D-02 放置在安装位置上，沿导轨缓缓推入，并紧固 EPU02D-02 两侧的 4 颗 M6 紧固螺钉。室内场景推荐紧固力矩为 3N·m，室外场景推荐紧固力矩为 2N·m。

⑧ 拆下 EPU02D-02 的直流输入电源线端子座防护盖，将之前拆下的电源线按照记录的连接位置安装到新的 EPU02D-02 上，并重新安装防护盖。

⑨ 将之前拔下的线缆连接器根据记录的连接位置安装到 EPU02D-02 的面板上。

⑩ 打开 EPU02D-02 的上级供电设备，为 EPU02D-02 上电。

⑪ 观察 BBU 和射频指示灯的状态，判断 EPU02D-02 是否正常供电。

⑫ 取下防静电腕带或防静电手套，并收好工具。

3. 更换 BDU65-03 升压配电单元

BDU65-03 是升压配电单元，应用于 EPU02D/EPU02D-02 中，支持热插拔。更换 BDU65-03 会导致由 BDU65-03 供电的设备所承载的业务完全中断，更换所需的时间约为 3min。

更换 BDU65-03 的流程如下。

① 佩戴防静电腕带或防静电手套。

② 拆除 BDU65-03 上的 EPC5 连接器，并做好标记。

③ 拆卸故障 BDU65-03，如图 3-71 所示。拨开故障 BDU65-03 的拉手锁扣，向外拉下上方的拉手；握住拉手，将 BDU65-03 从插槽中拔出。

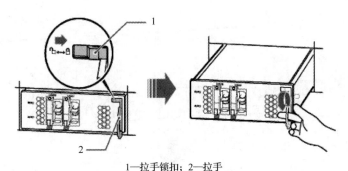

1—拉手锁扣；2—拉手

图 3-71 拆卸故障 BDU65-03

④ 安装新的 BDU65-03。如图 3-72 所示，拨开 BDU65-03 左上角的拉手锁扣，向外拉下上方的拉手；沿滑道缓缓将 BDU65-03 推入对应的槽位；合上拉开的拉手，并用拉手锁扣固定。

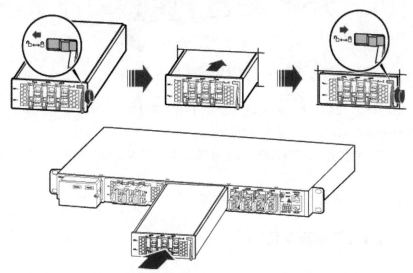

图 3-72 安装新的 BDU65-03

⑤ 根据记录的连接位置重新安装 BDU65-03 上的线缆。

⑥ 根据 BDU65-03 指示灯的状态判断新模块是否正常工作，BDU65-03 正常工作时指示灯的状态如下：RUN 指示灯闪烁〔（0.125s 亮，0.125s 灭）或（1s 亮，1s 灭）〕，ALM 指示灯常灭。

⑦ 取下防静电腕带或防静电手套，并收好工具。

4. 更换 PMU 12A 电源监控单元

PMU 12A 为电源监控单元，应用于 EPU02D/EPU02D-02 中，更换 PMU 12A 会导致监控异常。PMU 12A 支持热插拔。更换 PMU 12A 所需的时间约为 5min。

更换 PMU 12A 的流程如下。

① 佩戴防静电腕带或防静电手套。

② 记录 PMU 12A 上所有线缆的连接位置，拧松 1 颗松不脱螺钉，并取出出现故障的 PMU 12A 模块，如图 3-73 所示。

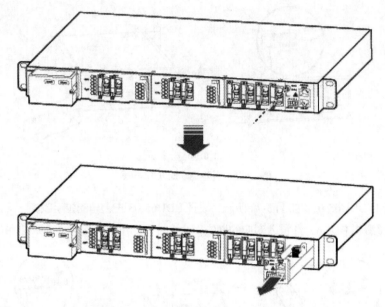

图 3-73　取出出现故障的 PMU 12A 模块

③ 安装新的 PMU 12A 模块，并拧紧模块上的 1 颗松不脱螺钉，紧固力矩为 0.6N·m。

④ 重新安装 PMU 12A 模块上连接的所有线缆。

⑤ 根据相关指示灯的状态判断新模块是否正常工作。其正常工作时指示灯的状态：STATE 指示灯为绿色且常亮。

⑥ 取下防静电腕带或防静电手套，并收好工具。

3.3.5　线缆工程标签安装/更换

常用的线缆工程标签有束线式标签、刀形标签、标牌式标签和色环标签，下面逐一介绍其安装/更换流程。

1. 安装/更换束线式标签

束线式标签通常用于电源线，电缆两端都要粘贴工程标签，线扣绑扎后标识牌一律朝向右侧或上侧，即电缆垂直布放时在右侧，水平布放时在上侧且标签面一律朝外。

安装/更换束线式标签的流程如下。

① 从整版标签上揭下待粘贴的标签，并准备好线扣标识牌。

② 将标签居中粘贴到标识牌的四方形凹槽内。

③ 在距插头 2cm 处绑扎线扣，束线式标签的安装位置如图 3-74 所示。

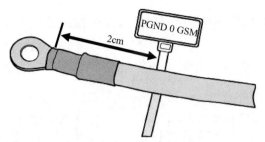

图 3-74　束线式标签的安装位置

④ 穿入并拉紧线扣，使其不能相对线材自由移动，如图 3-75 所示。

图 3-75　穿入并拉紧线扣

⑤ 使用剪线钳将线扣的多余部分齐根剪掉，断口要平齐，以免划到使用者的双手，如图 3-76 所示。

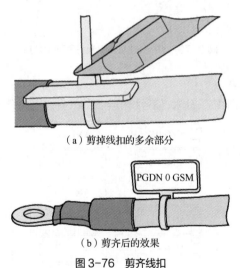

（a）剪掉线扣的多余部分

（b）剪齐后的效果

图 3-76　剪齐线扣

2. 安装/更换刀形标签

刀形标签通常用于信号线、E1/T1 线、光缆和电源线。

安装/更换刀形标签的流程如下。

① 从整版标签上揭下待粘贴的工程标签。刀形标签样例如图 3-77（图中数字的单位为 mm）所示。

② 将标签长边粘贴在电缆的合适位置，并将标签长边部分向标签粘贴面的方向翻折，翻折后的上侧需要与粘贴面的上侧平齐，以避免标签歪斜。

③ 完成长边部分与主体部分的粘贴后，标签主体部分与线材需有 2mm～3mm 的间距，如图 3-78 所示。

④ 将标签主体部分粘贴面向上翻折，翻折后上面的两边需平齐，标签安装完成，如图 3-79（图中数字的单位为 mm）所示。

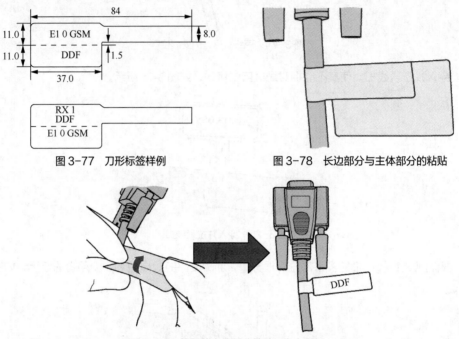

图 3-77　刀形标签样例　　　　　　图 3-78　长边部分与主体部分的粘贴

图 3-79　将标签主体部分粘贴面向上翻折

3. 安装/更换标牌式标签

标牌式标签通常用于天馈线、光缆、信号线和电源线。标牌式标签样例如图 3-80 所示。

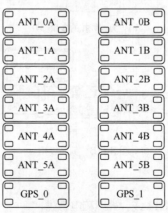

图 3-80　标牌式标签样例

安装/更换标牌式标签的流程如下。

① 将线扣穿过标签上的孔，并将馈线标签绑扎在馈线或跳线上，为了使绑扎好标签的线扣整齐美观，线扣的过孔方向要保持一致，如图 3-81 所示。

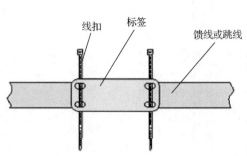
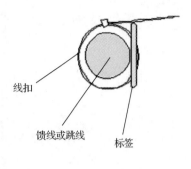

图 3-81　摆放并固定标签

② 拉紧线扣，固定标签和线缆，剪去多余线扣。需要注意的是，标牌式标签的绑扎位置有如下要求。

a. 标签绑扎在天线跳线上时，应距离馈线接头 200mm。

b. 标签绑扎在天线下方的馈线上时，应距离天线下方的馈线接头 200mm。

c. 标签绑扎在馈线下铁塔平台上时，应距铁塔平台 200mm～300mm。

d. 馈线入室前，标签绑扎在距离馈线密封窗 200mm 处。

e. 馈线入室后，标签绑扎在距离馈线室内接头 200mm 处。

f. 标签绑扎在机顶跳线上时，应距离机顶上方 200mm～300mm。

此外，绑扎时，标签正面朝外，以免安装的时候将反面向外，导致无法看到标签内容。标签排列应整齐美观，方向应一致，线扣的方向也应一致，剪去线扣尾时应留有 5mm～10mm 的余量。

4．安装/更换色环标签

色环标签通常用于天馈跳线。

安装/更换色环标签的流程如下。

① 确定色环的粘贴位置。

天线跳线：距离室外馈线接头 200mm 处。

室外馈线：距离室外馈线接头 200mm 处；馈线下铁塔平台 1m 处；馈线入室前，标签绑扎在距离馈线密封窗 1m 处。

室内馈线：距离室内馈线接头 200mm 处。

机柜跳线：距离室内馈线接头 200mm 处。

② 粘贴天馈系统色环标签。在确定了所有的粘贴位置后，选择色环的颜色和数量并进行粘贴。相邻两道色环间距为 10mm～15mm。在同一条馈线、跳线通路内，色环的颜色和数量必须保持一致。色环缠绕时应方向一致，上层准确完整地压住下层，每一层都要压紧，每道色环缠绕 2 或 3 层。天馈系统色环标签的绑扎如图 3-82 所示。

线缆标签对后期工程技术人员进行现场的线缆维护至关重要，因此无论更换哪种类型的标签，都应严格遵守线缆标签更换的流程，正确地完成标签的更换操作，以免错标或者漏标，而对故障排查或线缆维护造成严重影响。

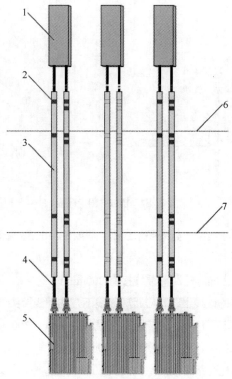

1—天线；2—色环；3—馈线；4—跳线；5—RRU；

6—铁塔平台的所在处；7—馈线密封窗的所在处

图3-82　天馈系统色环标签的绑扎

　　本节主要学习了 5G 基站中 BBU 模块、射频模块、配套设备模块及线缆模块等的更换。在硬件更换过程中，现场工程师在远端工程师的配合下，一般会先将设备下电，做好防护措施，遵守操作流程，将需要更换的硬件及其连接的线缆拆卸下来，并安装新的硬件，连接相关线缆，再将设备上电，继而进行业务验证，确认硬件工作正常。

3.4　5G 基站现场例行维护

　　5G 基站的现场操作维护除了基站现场的硬件检查、硬件更换，还包括基站机房环境、机房接地系统和电源系统等的日常检查项目。在进行 5G 基站现场例行维护之前，需要先完成站点维护的准备工作，这些准备工作一般包括了解站点信息、选择维护项目、准备维护工具和备件。

1. 了解站点信息

　　前往站点进行维护前，应先了解该站点的以下信息：站点遗留的故障和告警，站点硬件配置，当地环境和备件情况等。

2. 选择维护项目

　　根据不同的 5G 基站的具体情况选择合适的现场维护项目，包括机房环境例行维护项目、电源系统例行维护项目、机柜例行维护项目、机架例行维护项目和接地系统例行维护项目。

3. 准备维护工具和备件

根据站点信息、维护项目准备相应的维护工具和备件。常用的站点维护工具和备件如下。

① 频率测试设备，包括频率源、频谱分析仪。

② 功率测试设备，用来测量并分析基站的输出功率。常用的功率测试设备为功率计。

③ 天馈检测设备，用来测试驻波比/回波损耗、线缆插入损耗，以及定位故障。常用的天馈检测设备为 SiteMaster。

④ 其他设备，包括万用表、维护测试诊断工具/BTS 健康检查工具、本地维护终端、铷钟（用于定位时钟）、备件和地阻仪。

准备好工具后就可以开始进行基站现场的例行维护了，主要包括机房环境例行维护、电源和接地系统例行维护、机柜和机架例行维护。

3.4.1 机房环境例行维护

机房环境例行维护项目主要是定期查看或检测机房中的温度、湿度、烟雾、气体等指标是否达到要求，查看照明、空调、灾害防护设备是否运转正常。接下来逐一介绍机房环境的例行维护项目。

1. 查看机房环境告警

现场维护人员需要每日查看机房有无供电告警、火警、烟雾告警；有无大量粉尘、水雾滞留；有无醇类、醚类、酮类等有机物质产生；有无腐蚀性气体。在正常情况下，机房中应无烟雾滞留。

2. 检查机房温度

现场维护人员需要每周记录一次机房内温度计指示的数据。机房温度的正常值为-20～+55℃。

3. 检查机房湿度

现场维护人员需要每周记录一次机房内湿度计指示的数据。机房湿度的正常值为 5%～95%。

4. 检查机房照明设施

现场维护人员需要每两个月检查一次日常照明、应急照明设施是否正常运行。

5. 检查室内空调

现场维护人员需要每两个月检查一次空调是否正常运行，能否制冷/热。

6. 检查灾害防护设施

现场维护人员需要每两个月查看一次机房的灾害隐患防护设施、设备防护消防设施等是否正常。机房内应配备二氧化碳灭火器或干粉灭火器，巡检时应检查灭火器的压力、有效期。机房内应无老鼠、蚂蚁、飞虫、蛇等生物隐患。如有生物隐患，则应及时采取撒药、改进机房密封等措施。

7. 清洁机房环境

现场维护人员需要每两个月查看一次机房的机柜、设备外壳、设备内部、桌面、地面和门窗等是否清洁，要保证机房环境干净整洁，无明显灰尘附着。

3.4.2 电源和接地系统例行维护

基站现场的例行维护除了机房环境各项指标的检测和机房照明设施、室内空调、灾害防护设施的常规检查，还有基站电源和接地系统的维护项目，主要包括以下 5 种。

1. 检查电源线

现场维护人员需要每月仔细检查一次各电源线连接，要确保电源线连接安全、可靠；要确保电源线无老化现象，连接点无腐蚀。

2. 检查电压

现场维护人员需要每月使用万用表测量一次电源电压，要求电压在标准电压允许范围内。

3. 检查保护地线

现场维护人员需要每月检查一次保护地线、机房接地排连接是否安全及可靠。保护地线连接处应安全、可靠，连接处无腐蚀；保护地线应无老化现象；机房接地排应无腐蚀且防腐蚀处理得当。

4. 检查地阻

现场维护人员需要每月使用地阻仪测量一次地阻并记录机柜接地地阻，接地地阻值一般要小于 10Ω。

5. 检查蓄电池和整流器

现场维护人员需要每年对各机房供电系统的蓄电池和整流器进行一次巡检。蓄电池容量应合格，连接正确；整流器的性能参数应合格。

3.4.3 机柜和机架例行维护

基站机房中的机柜和机架也需要定期进行维护，维护项目如下。

1. 检查机柜锁和门

现场维护人员需要每月检查一次机柜锁是否正常、门是否开关自如。

2. 检查风扇

现场维护人员需要每月或每季度检查一次风扇运转是否正常，风扇运转状态应良好且无异味和异常声音。

3. 检查单板指示灯

现场维护人员需要每月或每季度检查一次机柜内部各模块、单板的指示灯是否正常。各部件指示灯的状态说明请参见 3.2 节中相应的硬件描述。

4. 检查线缆

现场维护人员需要每季度检查一次机柜内的信号线、传输线连接是否正常。要确保电缆连接器无锈蚀和松脱，电缆无鼠咬等损伤，连接器处无冷凝水，环境温度不能超过 65℃，电源电缆外护套无老化及破裂现象。

5. 检查防静电腕带

现场维护人员需要每季度检查一次防静电腕带是否正常。可以直接使用防静电腕带测试仪进行检测，若使用防静电腕带测试仪进行检查，则正常结果应为 GOOD 指示灯亮，也可以使用万用表测量防静电腕带接地电阻，若使用万用表检查，则防静电腕带接地电阻正常值应为

$0.75M\Omega\sim10M\Omega$。

6. 检查机柜防尘网

现场维护人员需要每季度检查一次室内机柜的防尘网，如防尘网上灰尘过多，则应清洗防尘网。

7. 电压输出

现场维护人员需要每半年检查一次电压是否正常。可使用万用表测量电源部件的输出电压是否正常。

8. 检查机柜外表

现场维护人员需要每半年检查一次机柜外表是否有凹痕、裂缝、孔洞、腐蚀等损害痕迹，以及机柜标识是否清晰。

9. 检查机柜清洁情况

现场维护人员需要每半年检查一次机柜，要求机柜表面清洁、机柜内部无灰尘。若有需要，可以用吸尘器吸除机柜底座及机柜外表面网孔上附着的灰尘，还可以拆掉机柜底座挡板，用长柄刷刷掉机柜底部网孔灰尘，并用吸尘器进行清理。要定期对机柜顶部堆积的树枝及树叶进行清理。每次开柜维护前要用长刷清理机柜顶部以及两侧门缝处的异物，确保清理干净后才能开柜，维护完成后检查并确保机柜门上防水胶条表面无异物后再关门。

10. 机柜/机架油漆及电镀层

现场维护人员需要每半年观察一次机柜和机架的油漆及电镀层是否完好。

11. 检查烟雾传感器

现场维护人员需要每三年将机房的烟雾传感器全部清洗一遍，检查相应阈值和其他必要的功能。

本节主要介绍了基站现场的例行维护项目，包括机房环境例行维护、电源和接地系统例行维护以及机柜和机架例行维护。机房环境的例行维护项目就是定期检查和维护机房的环境、温度、湿度、空调和照明等；电源和接地系统例行维护项目主要包括定期检查电源系统是否工作正常，接地系统是否工作良好；机柜和机架的例行维护项目主要是机柜外观整洁、机柜门锁正常，风扇、电源、单板指示灯、线缆、防静电手环等工作正常。

本章小结

本章主要介绍了 5G 站点的现场操作维护，主要内容包括 5G 基站操作维护系统概述、5G 基站硬件检查、5G 基站现场硬件更换和 5G 基站现场例行维护。

5G 基站操作维护系统概述主要介绍了 5G 基站操作维护系统结构、5G 基站近端和远端登录操作。5G 基站操作维护系统结构主要介绍了近端维护和远端维护的概念及结构，并对近端维护和远端维护进行了简单的对比，以使读者更加深入地理解近端和远端维护的差异。5G 基站近端和远端登录操作先简单介绍了如何使用 LMT 进行近端维护和如何使用 MAE 进行远端维护；又对近端和远端维护涉及的 MML 命令的格式及 MML 命令的操作类型进行了介绍；最后简单介绍了 LMT 和 MAE 的 MML

界面。

5G 基站硬件检查主要介绍了 5G 基站的各类硬件模块或设备的组成结构、接口、指示灯等，硬件设备包括主要设备（BBU 模块、射频模块）、配套设备及线缆。

5G 基站现场硬件更换主要介绍了基站硬件（包括主要设备 BBU 模块、射频模块）、配套设备及线缆的更换操作的流程和注意事项等。

5G 基站现场例行维护主要介绍了机房环境例行维护项目、电源和接地系统例行维护项目、机柜和机架例行维护项目等。

希望读者在学习完本章后能够自主检查 5G 基站的硬件模块，完成现场的硬件更换和现场的例行维护操作。

本章知识框架如图 3-83 所示。

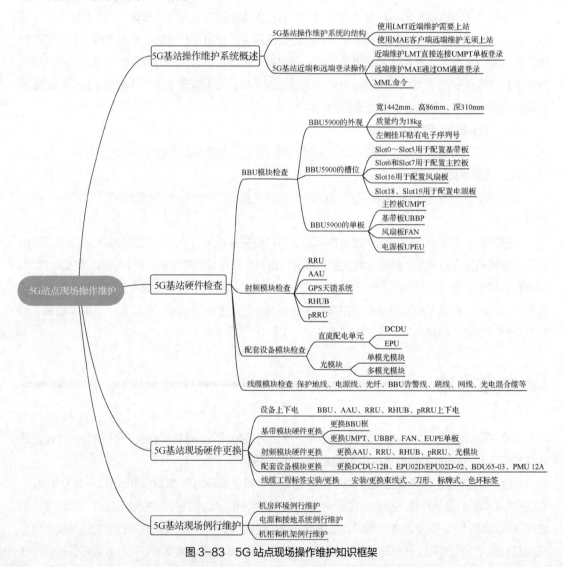

图 3-83　5G 站点现场操作维护知识框架

课后练习

一、单选题

（1）DCDU-12B 电源模块的输出规格为（　　）。

    A. 10 路 30A　　　　B. 10 路 20A　　　　C. 7 路 30A　　　　D. 7 路 20A

（2）5G 基站主控板推荐优先部署在 BBU5900 的（　　）号槽位。

    A. 0　　　　　　　　B. 3　　　　　　　　C. 6　　　　　　　　D. 7

（3）5G AAU 使用的 eCPRI 光模块带宽大小是（　　）。

    A. 10GE　　　　　　B. 25GE　　　　　　C. 50GE　　　　　　D. 100GE

（4）5G BBU5900 与传输对接使用的光模块带宽大小是（　　）。

    A. 100M　　　　　　B. 1GE　　　　　　　C. 10GE　　　　　　D. 100GE

（5）UPEUe 的输出功率是（　　）。

    A. 350W　　　　　　B. 650W　　　　　　C. 1100W　　　　　　D. 2000W

（6）以下需要接地的设备是（　　）。

    A. BBU　　　　　　B. AAU　　　　　　C. GPS 避雷器　　　　D. DCDU

（7）按照标准站点解决方案，无功分器、放大器场景 GPS 最大拉远距离为（　　）。

    A. 50m　　　　　　B. 70m　　　　　　　C. 150m　　　　　　D. 170m

（8）机房环境温度应该控制在（　　）℃左右。

    A. 0　　　　　　　　B. 25　　　　　　　　C. 90　　　　　　　　D. 100

（9）常见的 AAU 电源线直径不包含（　　）。

    A. 2mm×6mm　　　B. 2×10mm　　　　C. 2×16mm　　　　D. 2×1.5mm

（10）NR 直流设备的电压范围是（　　）。

    A. AC −57～−40V　B. AC −57～−45V　C. DC −57～−40V　D. DC −57～−45V

（11）5G 基站操作维护时，远端维护所使用的是 MAE，近端维护使用的是 LMT。这种说法是（　　）的。

    A. 正确　　　　　　B. 错误

（12）近端和远端维护时，工程师都可以不用上站。这种说法是（　　）的。

    A. 正确　　　　　　B. 错误

（13）MAE 可以实现多个网元同时操作，而 LMT 一次只能对一个基站进行操作。这种说法是（　　）的。

    A. 正确　　　　　　B. 错误

（14）进入 MAE 登录界面需要在浏览器的地址栏中输入（　　）。

    A. https://<IP 地址>:31941　　　　　　　B. https://<IP 地址>:31942

    C. https://<IP 地址>:31943　　　　　　　D. http://<IP 地址>:31943

（15）关于 MML 命令格式说法正确的是（　　　）。

  A. 参数名称是必需的，命令字和参数值不是必需的

  B. 命令字是必需的，参数名称和参数值不是必需的

  C. 参数值是必需的，参数名称和命令字不是必需的

  D. 命令字、参数名称和参数值都不是必需的

（16）"校准"的 MML 命令字是（　　　）。

  A. BKP   B. BLK   C. CLB   D. DLD

（17）在 LMT 的 MML 界面中，只要单击"下载报文"按钮，之前的 MML 命令就会被下载下来。这种说法是（　　　）的。

  A. 正确   B. 错误

二、简答题

（1）请画出 BBU5900 槽位分布图及对应的单板类型。

（2）请简述 BBU 设备上下电的操作步骤。

（3）请简述 UBBP 板更换的流程。

（4）请简述基站现场例行维护之前的准备工作。

（5）请简述机房环境例行维护的项目。

第4章
5G 站点日常操作维护

04

本章主要介绍 5G 站点日常操作维护的相关内容。5G 站点日常操作维护主要是对基站的相关信息及状态进行查询，包括拓扑管理、告警管理、日志管理、基站全局信息管理、基站设备管理、基站传输管理和基站无线管理。本章将围绕这些知识展开详细讲解。

华为 5G 超仿真训练系统（5GStar）基于华为 5G 基站同源开发，吻合华为主流 5G 商用基站软/硬件特性，真实还原 5G 基站硬件配置、数据配置、告警管理、操作维护、信令跟踪等功能，支撑网络部署→硬件安装→数据软调→单站验证→业务测试的工作流程的实训，高度还原了现网实际工作场景。本章将带领读者学习使用 5GStar 进行 5G 站点的日常操作维护。

本章学习目标

- 掌握拓扑管理、告警管理和日志管理的内容
- 掌握基站全局信息管理的内容

- 掌握基站设备管理的内容
- 掌握基站传输管理的内容
- 掌握基站无线管理的内容

4.1 拓扑管理、告警管理和日志管理

本节主要介绍拓扑管理、告警管理和日志管理的概念与分类，以及如何使用 5GStar 进行基站的相应管理。

4.1.1 拓扑管理

5G 基站主要分为宏站和室分站点两种，这两类站点的使用场景不同。基站的拓扑管理主要基于 5GStar 来完成不同站点场景的硬件组网，并了解不同组网的硬件配置连接。不同场景下基站的硬件及其基本组成结构如下。

（1）宏站主要用于室外场景，基站由 BBU+AAU/RRU 组成。

（2）室分站点主要用于室内场景，基站由 BBU+RHUB+pRRU 组成。

1. 宏站拓扑管理

因为要进行宏站拓扑管理，所以进入 5GStar 后应该选择"宏站场景_单基站"选项，以创建一个宏站单站，如图 4-1 所示。

图 4-1　创建一个宏站单站

　　创建完宏站单站后，进入"网络架构"界面，完成信息确认后即可进入"基站硬件"界面。在"基站硬件"界面中可以选择相应的硬件模块和线缆进行宏站场景的站点组网操作。宏站的"基站硬件"界面如图 4-2 所示。

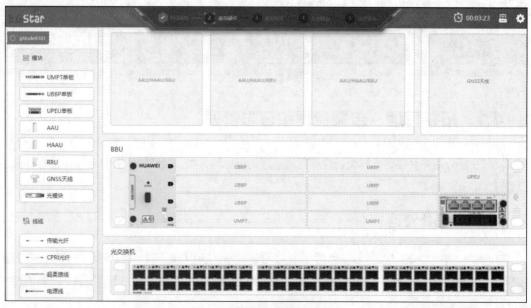

图 4-2　宏站的"基站硬件"界面

　　在"基站硬件"界面的左侧可以选择相应的模块和线缆。根据组网结构从该界面左侧的模块及线缆中选择所需的硬件进行宏站的组网，在组网过程中可以选择对应线缆或单板。如果需要删除单板或者线缆，则可以右键单击以进行删除操作。组网完成后，宏站组网硬件结构如图 4-3 所示。

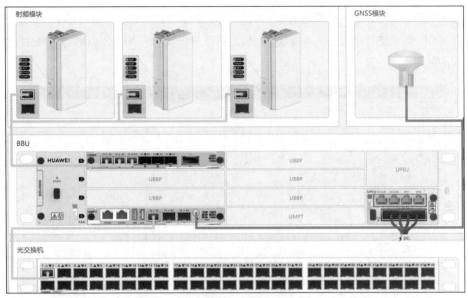

图 4-3　宏站组网硬件结构

对于一个已经创建好的宏站工程，可以查看该宏站相应的组网结构和相关的连接接口。可以进入该工程的"网络架构"界面查看基站的网络拓扑，也可以进入"基站硬件"界面查看宏站场景下的硬件组成。在宏站组网硬件结构中，可以查看 BBU 中的单板实际槽位的配置、BBU 和射频间的连接，以及单板硬件指示灯的状态等信息。

2. 室分站点拓扑管理

对于室分站点拓扑管理，进入 5GStar 后应该选择"室分场景_单基站"选项，以创建一个室分单站，如图 4-4 所示。

图 4-4　创建一个室分单站

创建完室分单站后，进入"网络架构"界面，完成确认后即可进入"基站硬件"界面。在"基站硬件"界面中可以选择相应的硬件模块和线缆进行室分场景的站点组网操作。室分站点的"基站硬件"界面如图 4-5 所示。

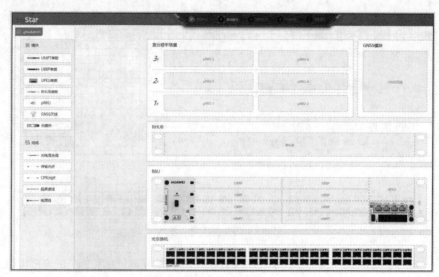

图 4-5　室分站点的"基站硬件"界面

根据组网结构在该界面左侧的模块及线缆中选择所需的硬件进行室分站点的组网，组网完成后，室分站点的硬件结构如图 4-6 所示。

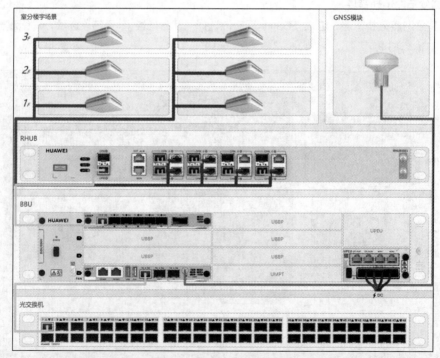

图 4-6　室分站点的硬件结构

对于一个已经创建好的室分站点的工程，也可以查看室分站点相应的组网结构和相关的连接接口，其查看方式可以参考宏站的查看方式。

4.1.2 告警管理

1. 告警定义

在日常使用基站的场景中，如果遇到故障，则基站会产生告警。告警是由于硬件设备出现故障或某些重要功能异常而产生的，如某单板出现故障。

需要和告警区分的一个概念是"事件"，"事件"是指系统正常运行状态下发生的某种重要的、需要通知用户的，但不需要用户处理的系统的变化。告警可以理解为一种特殊的事件。如果 MAE 上报告警，则说明 MAE 或其管理对象发生了故障，需要用户及时处理，否则会影响 MAE 或其设备的功能，导致 MAE 或其设备的功能运行异常；而事件表示被管理对象的状态发生变化，该变化对 MAE 业务并无影响。告警和事件的详细对比如表 4-1 所示。

表 4-1 告警和事件的详细对比

类别	定义	相关概念	影响	处理	建议
告警	系统检测到故障的通知	告警表示导致系统出现故障的物理或逻辑因素，如硬盘出现故障、单板出现故障	可能导致系统无法正常工作	告警可以确认和清除	清除告警，使系统恢复正常
事件	系统检测到事件的通知	事件表示管理对象的一种情况，如定时导出操作日志成功	对系统无负面影响	事件不能确认和清除，也不能反确认	不需要处理

2. 告警分类

告警发生后，根据故障所处的状态可分为恢复告警和活动告警。如果故障已经恢复，则该告警将处于"恢复"状态，称之为恢复告警。如果故障尚未恢复，则该告警处于"活动"状态，称之为活动告警。恢复告警仍然存于数据库中，可以被查询。从告警查询界面切换到其他界面进行操作时，如果有告警恢复，则切换回告警查询界面后，界面中不会显示该告警的恢复过程。因为告警查询界面会重新进行查询，已恢复的告警将不会被再次查询到。

根据上报的网元设备所处的工程状态可将告警分为工程告警和普通告警。工程状态是指网元设备处于新建、调测、升级、扩容、普通业务运营等工程维护阶段的状态。工程告警是指已被设置为工程状态的设备（包括物理设备和逻辑设备）上报的告警，或已被设置为工程状态的设备上报的告警所关联产生的对端设备的某些告警，或工程告警所对应的恢复告警。

可以基于 5GStar 使用 MML 命令查询设备状态，涉及的 MML 命令为 LST MNTMODE。LST MNTMODE 命令执行成功的结果如图 4-7 所示。

```
查询设备状态
------------------
         工程状态 =  调测
   工程状态设置起始时间 =  2021-01-20 11:34:56
   工程状态设置结束时间 =  2021-01-20 11:34:56
     工程状态设置说明 =  NULL
(结果个数 = 1)
```

图 4-7 LST MNTMODE 命令执行成功的结果

在图 4-7 所示的结果中，参数"工程状态"为"调测"，此参数还可被设置为"普通""新建""扩容""升级"等。

在进行数据配置的过程中，对基站全局数据进行配置时，需要设置网元的工程状态。网元的工程状态用于标记基站的不同状态，这些状态将会体现在基站上报的告警信息中，以便对基站在不同状态下产生的告警进行分类处理。当网元处于工程状态时，告警的上报方式（告警中携带基站的工程状态信息）将会改变，性能数据源将会被标识为不可信，但是对基站业务没有影响。

设置网元工程状态的 MML 命令为 SET MNTMODE，该命令的执行界面如图 4-8 所示。

图 4-8　SET MNTMODE 命令的执行界面

当该命令的输入参数"工程状态"为"INSTALL（新建）"和"TESTING（调测）"时，表示网元只用于开站。如果网元当前状态是"INSTALL（新建）"和"TESTING（调测）"以外的状态，则不允许设置网元工程状态为"INSTALL（新建）"或"TESTING（调测）"。基站设备出厂时的默认工程状态为"（TESTING）调测"。

3. 告警级别

告警级别用于标识一条告警的严重程度。按严重程度递减的顺序可以将所有告警分为以下 4 种：紧急告警、重要告警、次要告警和提示告警。在实际网络的维护平台上会通过不同的颜色表示告警的级别，红色表示"紧急告警"，橙色表示"重要告警"，黄色表示"次要告警"，蓝色表示"提示告警"，如图 4-9 所示。对于不同的告警级别，其定义和处理建议如表 4-2 所示。

图 4-9　告警级别图示

表 4-2　对告警级别的定义和处理建议

告警级别	定义	处理建议
紧急告警	此级别的告警会影响到系统提供的服务，必须立即进行处理。即使该告警在非工作时间内发生，也需立即采取措施。例如，某设备或资源不可用，需要对其进行修复	需要紧急处理，否则系统有瘫痪的危险
重要告警	此级别的告警会影响到服务质量，需要在工作时间内处理，否则会影响重要功能的实现。例如，某设备或资源服务质量下降，需要对其进行修复	需要及时处理，否则会影响重要功能的实现

续表

告警级别	定义	处理建议
次要告警	此级别的告警未影响到服务质量，但为了避免出现更严重的故障，需要在适当的时候进行处理或进一步观察	发送此类告警的目的是提醒维护人员及时查找告警原因，消除故障隐患
提示告警	此级别的告警指示可能有潜在的错误影响到提供的服务，要根据不同的错误提供相应的措施	只要对系统的运行状态有所了解即可

在 5GStar 中可以采用界面方式和 MML 方式分别对当前告警进行查询。使用界面方式时，在 5GStar 的"基站软件"界面中单击"告警"按钮，即可查询对应站点的当前告警，如图 4-10 所示。

图 4-10　查询对应站点的当前告警

在"告警"界面中双击某告警记录，弹出"详细信息"对话框，可查看该告警的详细信息，如告警名称、告警级别、发生时间和附加信息等，如图 4-11 所示。

图 4-11　查看告警的详细信息

使用 MML 命令"LST ALMAF"也可以查询网元中保存的活动告警，即系统中没有恢复的故障告警，其执行结果如图 4-12 所示。

在查询结果的输出参数中，包含了故障的名称、级别、类型、发生时间、变更时间、定位信息等重要信息，维护人员可以通过这些信息判断和识别故障，并做出相应的处理。

```
%%LST ALMAF:CNT=64;%%
RETCODE = 0   执行成功

    流水号 = 1
      ID = 26262
     名称 = 时钟参考源异常告警
     级别 = 重要
  网管分类 = 硬件系统
     类型 = 故障
  工程态标志 = 调测
   发生时间 = 2021-01-20 01:49:04
   变更时间 = 2021-01-20 01:49:04
   恢复时间 =
     公共 =
   附加信息 = 参考时钟源编号=0,参考时钟源类型=IP Clock,参考时钟源激活状态=不可用
   定位信息 = 配置原因 =1.网元时钟工作模式或时钟参考源配置错误。2.基站时钟同步模式或帧同步开关配置错误。
```

图 4-12　LST ALMAF 命令的执行结果

除了可以查询当前告警，还可以通过 LST ALMLOG 命令查询系统的历史告警，即系统已经产生的所有告警，包括故障告警（恢复告警和活动告警）和事件告警。

LST ALMLOG 命令的执行结果如图 4-13 所示。

```
    流水号 = 10008
      ID = 29874
     名称 = NR DU小区闭塞告警
     级别 = 重要
  网管分类 = 信令系统
     类型 = 故障
  工程态标志 = 调测
   发生时间 = 2021-01 20 00:56:13
   变更时间 = 2021-01-20 03:38:41
   恢复时间 = 2021-01-20 03:38:41
     公共 =
   附加信息 = 用户手动执行闭塞NR DU小区命令
   定位信息 = NRDUCELL状态异常
```

图 4-13　LST ALMLOG 命令的执行结果

在查询结果的输出参数中，包含了故障的名称、级别、类型、发生时间、变更时间、恢复时间、定位信息等重要信息。这里需要说明的是，历史告警和当前告警的区别在于历史告警会有告警的恢复时间，而当前告警没有告警的恢复时间。

4.1.3　日志管理

日志管理用于管理网元日志和网管本身的日志。通过查询或统计日志可以跟踪用户活动，为系统诊断和维护提供依据。

网元日志用来记录各个网元上所发生的重要事件，通过设置过滤条件，将符合条件的日志信息记录下来并上报给相关的软件管理服务器，最后统一上报给客户端，达到网元日志同步的目的。为了同步网元日志，并将网元日志的原始文件保存到 MAE 数据库中，便于在 MAE 服务器中查询网元的日志信息，用户需要先订阅网元日志。网元日志管理支持查询和统计网元的操作、安全、运行日志等。日志根据类型可以分为操作日志、安全日志和运行日志。

操作日志主要用于分析设备故障与操作之间的关系，可通过 MML 命令"LST OPTLOG"进行查询。LST OPTLOG 命令的执行结果如图 4-14 所示。

```
%%LST OPTLOG:MAX=64;%%
RETCODE = 0  执行成功
日志信息
--------
来源  操作员  域属性     工作站       操作类型  操作时间                    结果  错误码   命令级别   结束时间
LMT   admin   本地用户  127.0.0.1   维护管理  2021-11-09 14:38:08  成功  0        重要      2021-11-09 14:38:08
详细操作命令:    /* {"module":"ALARM_SERVICE","randStr":"1636439882915_1098","type":1} */LST USERPLANEPEER: UPPEERID=0;
LMT   admin   本地用户  127.0.0.1   维护管理  2021-11-09 14:38:08  成功  0        重要      2021-11-09 14:38:08
详细操作命令:    /* {"module":"ALARM_SERVICE","randStr":"1636439880001_1074","type":1} */LST GNBCUXN:;
LMT   admin   本地用户  127.0.0.1   维护管理  2021-11-09 14:38:08  成功  0        重要      2021-11-09 14:38:08
详细操作命令:    /* {"module":"ALARM_SERVICE","randStr":"1636439880001_1075","type":1} */LST EPGROUP:;
LMT   admin   本地用户  127.0.0.1   维护管理  2021-11-09 14:38:08  成功  0        重要      2021-11-09 14:38:08
详细操作命令:    /* {"module":"ALARM_SERVICE","randStr":"1636439880001_1076","type":1} */LST SCTPHOST:;
LMT   admin   本地用户  127.0.0.1   维护管理  2021-11-09 14:38:08  成功  0        重要      2021-11-09 14:38:08
详细操作命令:    /* {"module":"ALARM_SERVICE","randStr":"1636439880001_1077","type":1} */LST SCTPPEER:;
LMT   admin   本地用户  127.0.0.1   维护管理  2021-11-09 14:38:08  成功  0        重要      2021-11-09 14:38:08
详细操作命令:    /* {"module":"ALARM_SERVICE","randStr":"1636439880001_1078","type":1} */LST INTERFACE:;
LMT   admin   本地用户  127.0.0.1   维护管理  2021-11-09 14:38:08  成功  0        重要      2021-11-09 14:38:08
详细操作命令:    /* {"module":"ALARM_SERVICE","randStr":"1636439880001_1079","type":1} */LST VLANMAP:;
LMT   admin   本地用户  127.0.0.1   维护管理  2021-11-09 14:38:08  成功  0        重要      2021-11-09 14:38:08
```

图 4-14 LST OPTLOG 命令的执行结果

在查询结果的输出参数中，包含了每一条操作日志的来源、操作员、域属性、操作类型、操作时间、结果、命令级别等重要信息，维护人员可以通过这些日志查看相应的信息。需要说明的是，图 4-14 中"来源"参数表示操作日志的来源，可以是"EMS"（网元管理系统）、"LMT"（本地操作维护终端）、"INVALID"（无效），以及"全部选中""全部清空"和"全部灰化"；"操作员"参数表示该操作日志的操作人员；"域属性"参数表示操作人员所属的域，可以是"EMS""LMT"和"EMSOP"（U2020 用户）；工作站 IP 地址有 IPv4 和 IPv6 两种选择；"操作时间"和"结束时间"参数分别表示操作开始和结束的时间；"结果"参数指操作的最终结果是成功还是失败。

安全日志用于审计和跟踪安全事件，如登录网元 LMT 和修改网元用户权限等，可通过 MML 命令"LST SECLOG"进行查询。

运行日志可以帮助用户进行故障定位、日常巡检和设备运行监控。

本节分别对拓扑管理、告警管理和日志管理进行了介绍，重点介绍了如何在 5GStar 上使用 MML 命令进行告警管理和日志管理。

4.2 基站全局信息管理

基站全局信息主要包括基站基本信息、运营商信息和跟踪区信息，下面对其进行简要介绍。

（1）基站基本信息：包括基站应用类型、运行模式、基站标识和基站名称。

（2）运营商信息：包括运营商公共陆地移动网络（Public Land Mobile Network，PLMN）信息和组网架构。

（3）跟踪区信息：包括跟踪区标识和跟踪区域码。

基站全局信息管理是指通过 MML 命令查询并获取以上配置信息，涉及的 MML 命令及其功能如表 4-3 所示。

表 4-3　基站全局信息管理 MML 命令及其功能

信息分类	MML 命令	功能
基站基本信息	LST APP	查询应用工程状态配置信息
	LST GNODEBFUNCTION	查询 gNB 功能配置信息
运营商信息	LST GNBOPERATOR	查询 gNB 运营商信息
跟踪区信息	LST GNBTRACKINGAREA	查询 gNB 跟踪区域信息

MML 命令"LST APP"用于查询应用工程状态配置信息，如应用 ID、应用类型、软件版本和应用版本等，如图 4-15 所示。

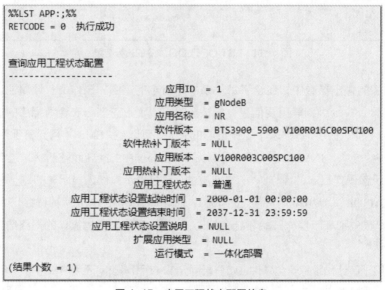

图 4-15　应用工程状态配置信息

在查询结果的输出参数中，"应用类型"参数为"gNodeB"（即 gNB），这个参数可以为 GBTS（2G 基站）、NodeB（3G 基站）、eNB（4G 基站）、RFA（射频接入）、gNB（5G 基站）和 EXTAPPTYPE（其他应用类型）。RFA（Radio Frequency Access，射频接入）为华为自定义的应用模式，只适用于 LampSite。该应用模式基于 3GPP Repeater Radio Transmission and Reception 协议，以射频馈入的方式实现基站射频信号数字拉远和放大。

"运行模式"参数表示基站的部署方式，可以为"一体化部署"和"分离部署"。"一体化部署"表示基站为一体化基站，即 CU/DU 合设，目前基站以"一体化部署"为主。

该应用提供了某一种制式网元功能的运行环境。如果网元需要提供某种制式的功能，则需要添加该制式对应的应用。例如，如果网元制式演进需要新增 5G NR 的无线接入功能，则需要添加 gNB 的应用。添加应用时可以设置应用的工程状态，告警上报时会携带该状态信息。

MML 命令"LST GNODEBFUNCTION"用于查询 gNB 功能配置信息，如 gNB 功能名称、引用的应用标识、gNB 标识等，如图 4-16 所示。

```
%%LST GNODEBFUNCTION:;%%
RETCODE = 0   执行成功


查询gNodeB功能
---------------
            gNodeB功能名称 = gNodeB101
            引用的应用标识 = 1
              gNodeB标识 = 101
       gNodeB标识长度(比特) = 22
                 用户标签 = NULL
           网元资源模型版本 = NULL
                 产品版本 = NULL

(结果个数 = 1)
```

图 4-16　gNB 功能配置信息

在查询结果的输出参数中，"gNodeB 功能名称"参数表示 gNB 的功能名称，用于唯一标识一个 gNB Function 实例；"引用的应用标识"参数表示 gNB 功能引用的应用 ID，应用为 gNB 功能提供运行环境；"gNodeB 标识"参数表示业务协议接口中定义的 gNB 标识，其在一个 PLMN 内是唯一的；"gNodeB 标识长度（比特）"参数用于设置 gNB 标识的长度，通过 gNB 标识长度参数 gNBIdLength 来指示 NR 小区标识（NR Cell Identity，NCI）中 gNBId 占用的比特位数，其可以唯一正确标识 NCI。

需要注意的是，一个基站上只允许配置一个 gNB Function 实例。gNB 功能引用的应用必须存在且应用类型必须为 gNB。此外，增加 gNB 功能前要确保 gNB 功能引用的应用已添加。在进行数据配置的过程中，可以通过使用"ADD GNODEBFUNCTION"命令增加 gNB 功能。

MML 命令"LST GNBOPERATOR"用于查询 gNB 运营商信息，如运营商标识、运营商名称、移动国家码、移动网络码和 NR 架构选项等，如图 4-17 所示。

```
%%LST GNBOPERATOR:;%%
RETCODE = 0   执行成功


查询gNodeB运营商信息
--------------------
      运营商标识 = 0
      运营商名称 = HUAWEI
      移动国家码 = 460
      移动网络码 = 88
      运营商类型 = 主运营商
      NR架构选项 = 独立组网模式
(结果个数 = 1)
```

图 4-17　gNB 运营商信息

在查询结果的输出参数中，"运营商名称"参数是基站所归属的运营商，如移动、电信、联通等；"移动国家码"参数表示运营商的移动国家码，移动国家码为 3 个字符的字符串，字符只能是 0～9 的数字；"移动网络码"参数表示运营商的移动网络码，移动网络码为 2 个或 3 个字符的字符串，字符只能是 0～9 的数字，"移动国家码"和"移动网络码"组成一个 PLMN ID，是运营商的唯一标识；"运营商类型"参数表示运营商类型，分为主运营商和从运营商两种类型，一个 gNB 只能配置一个主运营商，可以配置多个从运营商；"NR 架构选项"参数用于设置运营商的组网架构，当设置为 SA 组网模式时，表示该运营商支持独立组网，当设置为 NSA 组网模式时，表示该运营商支持非独立组网，当设置为 SA_NSA 组网模式时，表示该运营商支持独立组网和非独立组网共存。在数据配置过程中，可以使用"ADD GNBOPERATOR"命令增加运营商信息。

MML 命令"LST GNBTRACKINGAREA"用于查询 gNB 跟踪区域信息，即配置的运营商的跟踪区域码（Tracking Area Code，TAC），如图 4-18 所示。

```
%%LST GNBTRACKINGAREA:;%%
RETCODE = 0  执行成功


查询gNodeB跟踪区域信息
------------------------
    跟踪区域标识  = 0
    跟踪区域码   = 101
(结果个数 = 1)
```

图 4-18　gNB 跟踪区域信息

在查询结果的输出参数中，"跟踪区域码"参数用于核心网界定寻呼消息的发送范围，一个跟踪区可能包含一个或多个小区。非独立组网小区无须规划 TAC，建议配置为无效值（如 4294967295）；独立组网小区必须规划 TAC，不能配置为无效值。在数据配置过程中，可使用 MML 命令"ADD GNBTRACKINGAREA"命令为运营商增加跟踪区。

本节对基站全局信息管理进行了介绍，重点介绍了如何在 5GStar 上使用 MML 命令进行基站全局信息管理。

4.3　基站设备管理

gNB 基站设备管理主要是对 gNB 的软件和硬件进行管理，包括软件管理、BBU 模块管理、射频模块管理和时钟管理。

（1）软件管理：主要包括查询基站软件版本、补丁及其他相关内容的管理。

（2）BBU 模块管理：主要包括查询单板状态、查询单板配置、查询单板制造信息、查询单板版本信息、闭塞/解闭塞单板、复位单板等。

（3）射频模块管理：主要包括管理宏站的 AAU、RRU，以及 LampSite 的 RHUB、pRRU 等。

（4）时钟管理：主要包括查询时钟状态和时钟源等。

图 4-3 所示为宏站组网硬件结构，基站设备主要包括 BBU、AAU 及时钟。图 4-6 所示为 LampSite 组网硬件结构，基站设备主要包括 BBU、RHUB 和 pRRU。

本节主要基于 5GStar，通过图形用户界面（Graphical User Interface，GUI）方式及 MML 命令对以上内容进行查询。

4.3.1　软件管理

软件管理是指所有对基站软件进行的操作，包括对基站软件版本、补丁及其他相关内容的设置，通过软件管理可以了解如何查询基站版本信息。

与基站相关的软件类型有以下几种。

（1）基站软件：基站本身的版本软件。

（2）BootROM：绑定在硬件上的软件，提供基本的设备驱动功能且可以手动启动和升级，基站所有单板上都有 BootROM。

（3）冷补丁：简称补丁，通过打补丁对基站的特定单板或模块进行升级，以提供给用户更加完善的功能或者对基站的某些功能缺陷进行修复及补充。

（4）热补丁：又称在线补丁，其与冷补丁的区别在于，热补丁支持在不中断系统运行的情况下进行升级。

基站本身的软件版本的一般结构如下。

$$VXXXRXXXCXXSPxyyy$$

版本中的具体含义如下。

① VXXX：V 版本号，XXX 从 100 开始，以 100 为单位递增编号。

② RXXX：R 版本号，XXX 从 001 开始，以 1 为单位递增编号。

③ CXX：在同一 R 版本下，C 版本从 C00 开始按规则变化。R 版本号变化时，CXX 从 C00 开始重新编号，如 V100R001C00、V100R001C01、V100R001C10、V100R002C00；C00 代表 R 版本本身。

④ SPxyyy 补丁号，SP 为 Service Pack（即补丁）的首字母缩写，x 为 H 或者 C（H 是 Hot 的首字母，表示该补丁包是热补丁包；C 是 Cold 的首字母，表示该补丁包是冷补丁包），yyy 表示 SP 补丁顺序号，从 001 到 999 以 1 为单位递增编号。SPH 和 SPC 分别进行编号。

读者可以自行尝试分析以下基站版本数据的含义。

$$BTS3900\_5900\ V100R016C00SPC100$$

基站有两个区域可以存储版本软件和配置文件。保存当前版本和配置文件的区域称为主区，另外一个区域称为备区。升级时，主区和备区可以通过 MML 命令"ACT SOFTWARE"实现转换。激活网元软件包时，只能激活网元中已经存在的软件版本，软件版本可以通过 MML 命令"LST SOFTWARE"进行查询。

下面基于 5GStar 对 gNB 基站软件管理的相关命令进行介绍。

1. 查询基站软件版本

MML 命令"LST VER"可查询网元当前运行的软件版本信息和应用版本信息，查询结果如图 4-19 所示。

图 4-19　基站软件版本查询结果

图 4-19 中给出了基站当前软件版本的状态，它可以是"正常运行"和"不完整运行"。"正常运行"表示网元中当前所有单板运行的都是激活的版本，"不完整运行"表示网元中有部分单板的运行版本与当前主控版本不匹配。基站的应用类型有 GBTS、NodeB、eNB、gNB 及 EXTAPPTYPE，分别表示 2G、3G、4G、5G 及扩展应用。此外，也可以通过 MML 命令"LST APP"查询基站的当前软件版本及应用版本。

2. 查询基站软件版本的其他相关信息

使用 MML 命令"LST SOFTWARE"可以查询网元中保存的软件版本的其他相关信息，其查询结果如图 4-20 所示。

```
%%LST SOFTWARE:;%%
RETCODE = 0  执行成功

软件版本信息查询结果
————————————————————

保存位置  应用类型  软件版本                              软件版本状态  激活时间

主区      gNodeB   BTS3900_5900 V100R016C00SPC100        可用          2020-08-30 08:08:08
备区      gNodeB   BTS3900_5900 V100R015C00SPC100        不可用        NULL
(结果个数 = 2)
```

图 4-20　基站软件版本的其他相关信息查询结果

该命令显示了基站升级到当前运行软件版本的激活时间，其他情况（如升级失败或者未以正常升级流程启动等）无法显示激活时间，固定为 NULL；如果查询到某应用的版本在主区中，则说明此应用该版本的软件已被激活，否则说明此应用该版本的软件未被激活；一个应用最多可同时存在两个版本，如果两个版本都未激活，则其会被显示为处于备区。主区不可用时对系统有影响，如果网元中存在与主控软件版本不匹配的单板，则单板无法从主区中获取单板软件，导致该单板无法承载业务。

4.3.2　BBU 模块管理

BBU 模块管理主要是对 BBU 内配置板件的管理，管理的主要内容如下。

① 查询单板状态：包括主控单板、基带单板、风扇单板及电源单板等设备的状态。

② 查询单板配置：主要查看基带单板制式的配置。

③ 查询单板信息：包括单板的制造信息和版本信息等。

④ 闭塞/解闭塞单板：了解闭塞/解闭塞单板操作，以及哪些单板可以执行闭塞/解闭塞操作。

⑤ 复位单板：对单板进行复位操作，并了解复位后的现象。

1. 单板管理方式

对单板的管理有两种方式：GUI 方式和 MML 方式。下面分别对这两种方式进行介绍。

（1）GUI 方式

在 5GStar 软件的硬件组网界面中，选择要操作的单板并右键单击即可对该单板进行相关操作，这里以 UBBP 单板为例，其 GUI 方式的维护操作如图 4-21 所示。

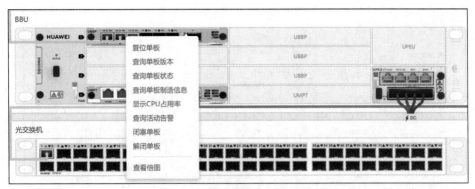

图 4-21　UBBP 单板 GUI 方式的维护操作

对单板的相关操作主要有查询单板信息，如单板版本、状态、制造信息、活动告警等；复位单板和闭塞/解闭（解闭塞）单板。

（2）MML 方式

BBU 模块管理相关的 MML 命令及其功能如表 4-4 所示。

表 4-4　BBU 模块管理相关的 MML 命令及其功能

MML 命令	功能
DSP BRD	查询单板类型及状态
LST BBP	查询 BBP 配置
DSP BRDMFRINFO	查询单板制造信息
DSP BRDVER	查询单板版本信息
BLK BRD	闭塞单板
UBL BRD	解闭塞单板
RST BRD	复位单板

和 MML 方式相比，GUI 方式一次只能查询一块单板的状态，但其便于用户直观地查询单板的状态。

2. BBU 模块管理的相关命令

下面基于 5GStar 对 BBU 模块管理的相关命令进行介绍。

（1）查询基站的单板类型及状态

使用 MML 命令"DSP BRD"可查询基站的单板类型及状态。图 4-22 所示为宏站单板类型及状态查询结果，图 4-23 所示为 LampSite 单板类型及状态查询结果。可见该命令在不指定具体柜、框、槽的情况下，将查询出所有单板的类型及状态信息。

```
查询单板
————————
柜号  框号  槽号  单板配置类型  扣板类型  管理状态  主备状态  操作状态  告警状态  可用状态  工作模式

0     0     0     UBBP        NULL     NULL     NULL     可操作    正常      正常      普通模式
0     0     6     UMPT        NULL     NULL     主用      可操作    正常      正常      普通模式
0     0     16    FAN         NULL     NULL     NULL     可操作    正常      正常      普通模式
0     0     19    UPEU        NULL     NULL     NULL     可操作    正常      正常      普通模式
0     60    0     AIRU        NULL     NULL     NULL     可操作    正常      正常      普通模式
0     61    0     AIRU        NULL     NULL     NULL     可操作    正常      正常      普通模式
0     62    0     AIRU        NULL     NULL     NULL     可操作    正常      正常      普通模式
(结果个数 = 7)
```

图 4-22　宏站单板类型及状态查询结果

```
%%DSP BRD:;%%
RETCODE = 0  执行成功


查询单板
--------
柜号   框号   槽号   单板配置类型   扣板类型   管理状态   主备状态   操作状态   告警状态   可用状态   工作模式
0      0      0      UBBP          NULL      解闭塞     NULL      可操作     正常      正常      NULL
0      0      6      UMPT          NULL      NULL      主用      可操作     重要      正常      普通
0      0      16     FAN           NULL      NULL      NULL      可操作     正常      正常      NULL
0      0      19     UPEU          NULL      NULL      NULL      可操作     正常      正常      NULL
0      61     0      MPMU          NULL      解闭塞     NULL      可操作     正常      正常      NULL
0      62     0      MPMU          NULL      解闭塞     NULL      可操作     正常      正常      NULL
0      63     0      MPMU          NULL      解闭塞     NULL      可操作     正常      正常      NULL
0      64     0      MPMU          NULL      解闭塞     NULL      可操作     正常      正常      NULL
0      65     0      MPMU          NULL      解闭塞     NULL      可操作     正常      正常      NULL
0      66     0      MPMU          NULL      解闭塞     NULL      可操作     正常      正常      NULL
0      200    0      RHUB          NULL      解闭塞     NULL      可操作     正常      正常      NULL
(结果个数 = 11)
```

图4-23　LampSite单板类型及状态查询结果

由图4-22和图4-23可知，DSP BRD命令的查询结果中不仅有BBU模块中的单板，射频模块的状态也显示在内，由此可知，射频模块其实也是板件模块。

DSP BRD命令查询到的主备状态只对主控单板有效，其他单板的主备状态都显示为NULL。其中，"管理状态"表示单板的管理状态，即解闭塞、闭塞和渐闭塞，其只对基带单板和射频单板有效，其他单板的管理状态都显示为NULL；"告警状态"表示单板上硬件相关告警的状态，根据告警的级别显示为正常、提示、次要、重要和紧急；"可用状态"表示单板物理运行状况，包括未安装、启动中、正常、不一致、未配置、下电、故障、通信丢失、测试中等，以及各种状态的组合，例如，单板未配置且与主控传输板通信丢失时，其"可用状态"为"未配置，通信丢失"；若单板已经被对端管理，则单板的"可用状态"会显示为启动中、通信丢失、故障等。

（2）查询基带单板配置

BBU模块中的单板在添加时需要配置其所支持的制式，但是在前面查询单板状态的结果中并没有看到制式信息。如何查询BBU模块中的单板支持的是哪种制式呢？

使用MML命令"LST BBP"即可查询BBP配置信息，其查询结果如图4-24所示。

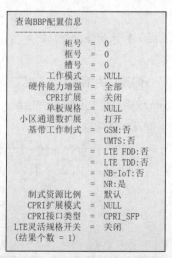

```
查询BBP配置信息
----------------
          柜号  =  0
          框号  =  0
          槽号  =  0
        工作模式  =  NULL
      硬件能力增强  =  全部
        CPRI扩展  =  关闭
        单板规格  =  NULL
     小区通道数扩展  =  打开
      基带工作制式  =  GSM:否
                =  UMTS:否
                =  LTE FDD:否
                =  LTE TDD:否
                =  NB-IoT:否
                =  NR:是
       制式资源比例  =  默认
       CPRI扩展模式  =  NULL
       CPRI接口类型  =  CPRI_SFP
    LTE灵活规格开关  =  关闭
    (结果个数 = 1)
```

图4-24　BBP配置信息查询结果

通过"基带工作制式"参数信息可以知道 BBP 为哪些制式提供基带资源，当前是为 NR 提供基带资源。需要说明的是，制式配置错误时，可以使用 MML 命令"MOD BBP"对 BBU 模块中的单板对应的配置信息进行修改。

（3）查询单板制造信息

使用 MML 命令"DSP BRDMFRINFO"可查询单板制造信息，包括单板的型号、条码、生产日期等，其查询结果如图 4-25 所示。

```
%%DSP BRDMFRINFO:CN=0, SRN=0, SN=0;%%
RETCODE = 0  执行成功

查询单板制造信息
─────────────
    型号   = WD22UBBPg
    条码   = 2102112722P0C4004205
    描述   = Finished Board Unit,HERT BBU,WD22UBBPg,Universal Baseband Processing Unit g
  生产日期 = 2020-08-30
   生产商  = Huawei
   发行号  = 00
（结果个数 = 1）
```

图 4-25 单板制造信息查询结果

DSP BRDMFRINFO 命令一次只能查询一块单板的制造信息，因 BBU 框只有一块背板，故通常通过查询背板的制造信息来获得 BBU 机框的制造信息。对背板进行查询时，输入槽号为 255。图 4-25 中需要重点关注"描述"参数信息，该参数表示与单板或者机柜的业务功能相关的描述。

（4）查询单板版本信息

使用 MML 命令"DSP BRDVER"可查询单板版本信息，其查询结果如图 4-26 所示。

框号	框号	槽号	类型	应用类型	软件版本	硬件版本	BootROM版本	操作结果
0	0	0	UBBP	gNodeB	100.003.00.100	7168	00.062.01.001	执行成功
0	0	6	UMPT	gNodeB	19.52B.90.100	2817	00.054.01.001	执行成功
0	0	16	FAN	gNodeB	19.529.90.100	1536	19.479.20.260	执行成功
0	0	19	UPEU	gNodeB	19.529.90.100	1536	19.479.20.260	执行成功
0	60	0	AIRU	gNodeB	19.529.90.100	1536	19.479.20.260	执行成功
0	61	0	AIRU	gNodeB	19.529.90.100	1536	19.479.20.260	执行成功
0	62	0	AIRU	gNodeB	19.529.90.100	1536	19.479.20.260	执行成功

（结果个数 = 7）

图 4-26 单板版本信息查询结果

使用该命令时，若不输入参数，则该命令会显示设备存在的所有单板的版本信息。在使用该命令时，如果没有软件版本号，则将显示 NULL。

（5）闭塞/解闭塞单板

闭塞/解闭塞的对象是 BBU 模块中的单板和射频。单板闭塞类型有以下 3 种。

① 立即闭塞：表示命令执行后单板立即闭塞，单板上的业务立即中断。

② 延时闭塞：表示单板上不再承载业务时或者等待"闭塞超时时间"后，单板才会闭塞。

③ 空闲闭塞：表示当没有业务的时候，单板闭塞。

使用 MML 命令“BLK BRD”可闭塞单板，闭塞单板将导致该单板上的资源逻辑不可用。使用 MML 命令“UBL BRD”可对指定的单板进行解闭塞操作。需要说明的是，这两条命令都支持 UBBP、RRU、AAU 和 pRRU 的闭塞操作。

（6）复位单板

使用 MML 命令“RST BRD”可复位指定的单板。注意，UPEU 和 USCU 等无源单板不支持复位操作。复位主用 UMPT 单板会导致基站复位。实际基站设备复位主控板后，重启时间一般为 2～3min，重启过程中，该基站中的数据不会丢失。在 5GStar 中复位主控板后，会显示基站重启的标志。复位不在位的单板时，该命令会执行失败。复位单板将导致该单板承载的业务中断，同时导致该单板在重新初始化结束前不可用。

4.3.3 射频模块管理

射频模块管理主要是对宏站的 AAU/RRU、室分站点的 RHUB 和 pRRU，以及相关的射频连接光口的管理。射频模块管理 MML 命令及其功能如表 4-5 所示。

表 4-5 射频模块管理 MML 命令及其功能

MML 命令	功能
LST RRUCHAIN	查询 RRU 链环配置信息
DSP RRUCHAIN	查询 RRU 链环动态信息
LST RRU	查询 RRU 配置信息
DSP RRU	查询 RRU 动态信息
LST RHUB	查询 RHUB 配置信息
DSP RHUB	查询 RHUB 状态信息
DSP CPRIPORT	查询 CPRI 动态信息

下面基于 5GStar 对 gNB 的射频模块管理的相关命令进行介绍。

1. 查询 RRU 链环信息

（1）查询 RRU 链环配置信息

使用 MML 命令“LST RRUCHAIN”可查询 RRU 链环配置信息，其查询结果如图 4-27 所示。

查询RRU链环配置信息

链环号	组网方式	备份模式	链/环头柜号	链/环头框号	链/环头槽号	链/环头光口号	链/环头子端口号	环尾柜号	环尾框号	环尾槽号
0	链型	冷备份	0	0	0	0	0	NULL	NULL	NULL
1	链型	冷备份	0	0	0	1	0	NULL	NULL	NULL
2	链型	冷备份	0	0	0	2	0	NULL	NULL	NULL

(结果个数 = 3)

环尾光口号	环尾子端口号	断点位置1	断点位置2	接入方式	CPRI线速率(吉比特/秒)	本端柜号	本端框号	本端槽号	协议类型	严重误码秒门限
NULL	NULL	无效值	无效值	本端端口	自协商	255	255	255	eCPRI	1E-6

图 4-27 RRU 链环配置信息查询结果

图 4-27 中的“组网方式”参数表示拓扑类型，一般是链型组网；“CPRI 线速率（吉比特/秒）”

参数表示用户设定速率，即 BBU 和射频之间 CPRI 的速率，有"AUTO"和"MANUAL"选项之分，其中"AUTO"表示支持自协商模式，"MANUAL"选项表示手动设定速率，需要设置该链环上的每个单板的线速率为固定速率，其他取值选项表示设定固定速率，如果有单板工作在该固定速率时 CPRI 不通，则表示该 RRU 不可用；"协议类型"参数表示当前链环的通信协议类型，有 CPRI 和 eCPRI 两种，一般宏站 AAU 使用 eCPRI 协议，RRU 与室分站点使用 CPRI 协议。

（2）查询 RRU 链环动态信息

使用 MML 命令"DSP RRUCHAIN"可查询 RRU 链环动态信息，其查询结果如图 4-28 所示。在使用该命令时，若不输入参数，则该命令会显示存在的所有 RRU 链环的动态信息。

```
%%DSP RRUCHAIN:;%%
RETCODE = 0  执行成功

查询RRU链环的动态信息
---------------------
链环号   链环级数   单板数目

0        1          1
1        1          1
2        1          1
（结果个数 = 3）
```

图 4-28　RRU 链环动态信息查询结果

图 4-28 中的"链环号"参数表示 RRU 链环编号，用于在基站范围内唯一标识一个链环；"链环级数"参数表示 RRU 链环的级数；"单板数目"参数表示 RRU 链环上连接的单板个数。

2. 查询 RRU 信息

（1）查询 RRU 配置信息

使用 MML 命令"LST RRU"可查询 RRU 配置信息。图 4-29 所示为宏站的 RRU 配置信息查询结果，图 4-30 所示为 LampSite 的 RRU 配置信息查询结果。在使用该命令时，若不输入参数，则该命令会显示存在的所有 RRU 配置信息；若指定 RRU，则只显示对应 RRU 的配置信息。

```
%%LST RRU:CN=0, SRN=60, SN=0;%%
RETCODE = 0  执行成功

查询RRU/RFU配置信息

                     柜号  =  0
                     框号  =  60
                     槽号  =  0
                 管理状态  =  解闭塞
                 拓扑位置  =  主链环
             RRU链/环编号  =  0
        RRU在链中的插入位置  =  0
                 RRU类型  =  AIRU
         射频单元工作制式  =  NR_ONLY
             接收通道个数  =  0
             发射通道个数  =  0
                 RRU名称  =  NULL
         驻波比告警后处理开关  =  关闭
     驻波比告警后处理门限(0.1)  =  30
         驻波比告警门限(0.1)  =  20
         干扰频率(100千赫兹)  =  0
       RRU射频去敏参数(分贝)  =  0
             欠流保护开关  =  生效
                 RU规格  =  NULL
         功放效率提升开关  =  关闭
    RRU从口线速率(吉比特/秒)  =  自协商
```

图 4-29　宏站的 RRU 配置信息查询结果

```
%%LST RRU:CN=0, SRN=61, SN=0;%%
RETCODE = 0   执行成功

查询RRU/RFU配置信息
--------------------------------------------
                         柜号  = 0
                         框号  = 61
                         槽号  = 0
                     管理状态  = 解闭塞
                     拓扑位置  = 分支
                 RRU链/环编号  = 11
          RRU在链中的插入位置  = 0
                     RRU类型  = MPMU
           射频单元工作制式  = NR_ONLY
                 接收通道个数  = 4
                 发射通道个数  = 4
                     RRU名称  = NULL
         驻波比告警后处理开关  = 关闭
    驻波比告警后处理门限(0.1)  = 30
         驻波比告警门限(0.1)  = 20
            干扰频率(100千赫兹)  = 0
          RRU射频去敏参数(分贝)  = 0
                 欠流保护开关  = 生效
                     RU规格  = NULL
             功放效率提升开关  = 关闭
     RRU从口线速率(吉比特/秒)  = 自协商
```

图 4-30 LampSite 的 RRU 配置信息查询结果

图 4-29 和图 4-30 中需要注意以下几个参数。"拓扑位置"参数表示 RRU 链环上单板的安装拓扑位置，有主链环（TRUNK）和分支（BRANCH）两种。分支是指安装在 RHUB 或 RMU 上，即从基带控制板光口连接出去的链环。LampSite 大功率模块必须配置为主链环，小功率模块必须配置为分支。"RRU 类型"有 AIRU 和 MPMU 两种，AIRU 表示 AAU，MPMU 表示 RRU。"射频单元工作制式"参数表示 RRU/RFU 工作制式。对于 eCPRI 的 AAU，修改 AAU 的工作制式可能会造成 AAU 复位。"接收通道个数"/"发射通道个数"参数表示 RRU/RFU 接收/发射通道的个数，建议按照射频模块中实际的天线口个数进行配置。系统按照配置的通道个数创建接收/发射通道对象，接收/发射通道的编号从 0 开始顺序递增，0～7 对应天线口 A～天线口 H，接收/发射通道个数需要配足。例如，若使用 D 通道作为接收/发射通道，则接收/发射通道个数均需要大于等于 4。波束赋形 AAU 不支持对单个通道进行操作，此参数无实际作用，建议将其配置为 0。

（2）查询 RRU 动态信息

使用 MML 命令"DSP RRU"可查询 RRU 动态信息，其查询结果如图 4-31 所示。

```
查询RRU/RFU动态信息
--------------------------------------------
柜号   框号   槽号   接入方向

0      60     0      从链/环头接入
0      61     0      从链/环头接入
0      62     0      从链/环头接入
(结果个数 = 3)
```

图 4-31 RRU 动态信息查询结果

在查询过程中，若填写详细的柜号、框号和槽号，则可以查询到对应的 RRU 的详细信息，包括接收单元个数、发射单元个数、接收单元载波数、发射单元载波数、发射通道最大输出功率和上行通道增益等信息。

其中,"接入方向"参数表示业务面的接入方向,正常情况为"从链/环头接入",也就是射频连接在 RRU 链上,否则显示的是"断链"。

3. 查询 RHUB 信息

(1)查询 RHUB 配置信息

使用 MML 命令"LST RHUB"可查询 RHUB 配置信息,其查询结果如图 4-32 所示。

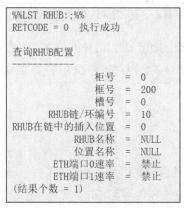

```
%%LST RHUB:;%%
RETCODE = 0   执行成功

查询RHUB配置
------------
                 柜号 = 0
                 框号 = 200
                 槽号 = 0
        RHUB链/环编号 = 10
   RHUB在链中的插入位置 = 0
         RHUB名称 = NULL
         位置名称 = NULL
      ETH端口0速率 = 禁止
      ETH端口1速率 = 禁止
(结果个数 = 1)
```

图 4-32 RHUB 配置信息查询结果

RHUB 属于室分站点的设备,RHUB 也需要通过 RRU 链与基带单板接入。

(2)查询 RHUB 状态信息

使用 MML 命令"DSP RHUB"可查询 RHUB 状态信息,其查询结果如图 4-33 所示,其中,"接入方向"参数表示业务面的接入方向。

```
%%DSP RHUB:;%%
RETCODE = 0   执行成功

查询RHUB状态
------------
      柜号 = 0
      框号 = 200
      槽号 = 0
    接入方向 = 从链/环头接入
(结果个数 = 1)
```

图 4-33 RHUB 状态信息查询结果

4. 查询 CPRI 动态信息

使用 MML 命令"DSP CPRIPORT"可查询 RRU 链环上的单板或者 BBU 的 CPRI 动态信息,其查询结果如图 4-34 所示。

当 CPRI 所在单板为 BBP 时,其端口类型为 CPRI,端口号为 0～5。

当 CPRI 所在单板为 RRU、RFU 时,其端口类型为 CPRI,端口号为 0 或 1。

当 CPRI 所在单板为 RHUB 时,其 CPRI 有两种类型,即 CPRI 和 CPRI_E/CPRI_O。当端口类型为 CPRI 时,端口号为 0～3;当端口类型为 CPRI_E/CPRI_O 时,端口号为 0～15。

柜号	框号	槽号	端口类型	端口号	子端口号	在位状态	模块类型	管理状态	CPRI速率（比特/秒）
0	0	0	CPRI	0	0	在位	ESFP光口	解闭塞	24.3G
0	0	0	CPRI	1	0	不在位	NULL	解闭塞	NULL
0	0	0	CPRI	2	0	不在位	NULL	解闭塞	NULL
0	0	0	CPRI	3	0	不在位	NULL	解闭塞	NULL
0	0	0	CPRI	4	0	不在位	NULL	解闭塞	NULL
0	0	0	CPRI	5	0	不在位	NULL	解闭塞	NULL
0	0	2	CPRI	0	0	在位	ESFP光口	解闭塞	25.0G
0	0	2	CPRI	1	0	不在位	NULL	解闭塞	NULL
0	0	2	CPRI	2	0	不在位	NULL	解闭塞	NULL
0	0	2	CPRI	3	0	不在位	NULL	解闭塞	NULL

图 4-34　CPRI 动态信息查询结果

在图 4-34 中，"在位状态"参数表示 CPRI 的在位状态；"管理状态"参数表示 CPRI 的管理状态，分为闭塞和解闭塞两种，当本端或者对端闭塞 CPRI 或者 CPRI 设置断点时，表示闭塞，否则为解闭塞。

4.3.4　时钟管理

在数字通信网络中，同步的目的是使全网通信设备的时钟在时间或频率上的差异保持在合理的误差范围内，避免由于传输系统中收/发信号定时的不准确而导致传输性能的恶化。时钟同步是指信号在时间或频率上保持某种严格的特定关系，时钟同步包括时间同步和频率同步两种方式。现网中的 NR（TDD）是时分复用的系统，必须使用时间同步，这样才能避免基站间和 UE 间的干扰。而 NR（FDD）可以使用时间同步或频率同步。

1. 时钟同步

时间同步又称时刻同步，是指绝对时间的同步。全网时间同步是指全网设备时间信息和协调世界时（Coordinated Universal Time，UTC）同步，即时间信号和 UTC 的起始时刻保持一致。如图 4-35 所示，信号 B 和信号 A 是时间同步，信号 C、信号 D 与信号 A 不是时间同步。

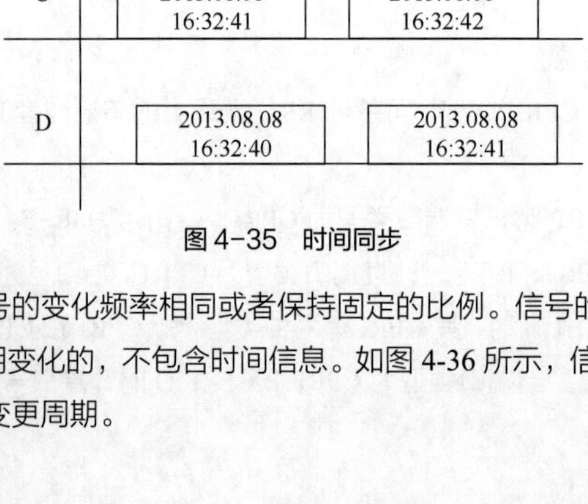

图 4-35　时间同步

频率同步是指两个信号的变化频率相同或者保持固定的比例。信号的相位可以不一致，频率也可以不一致。信号是按周期变化的，不包含时间信息。如图 4-36 所示，信号 A、信号 B 和信号 C 的频率同步，其中 T 为频率变更周期。

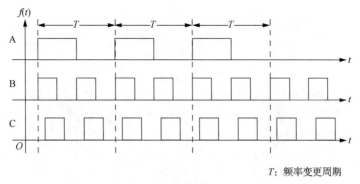

T: 频率变更周期

图 4-36　频率同步

图 4-37 给出了时间同步和频率同步的区别,可以看到如果时钟 A 和时钟 B 每个时刻的时间都保持一致,则这种状态称为时间同步;如果二者的时间不一样,但始终保持一个恒定的差值(图 4-37 中其差值为 6 小时),则这种状态称为频率同步。

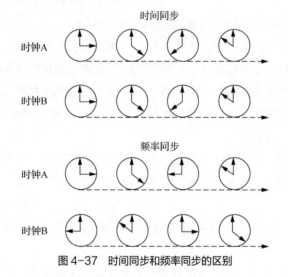

图 4-37　时间同步和频率同步的区别

下面对基站的时钟工作模式进行介绍。当基站的晶振预热完成后,时钟将进入工作模式。时钟的工作模式有以下 4 种。

① 自由振荡模式:当时钟系统预热完成后无参考时钟输入或丢失网络参考时钟且超过保持模式规定时间时的工作模式。

② 快捕模式:当时钟系统获得参考时钟信息或者参考时钟恢复正常、但相位偏差超出锁定阈值时的工作模式。

③ 锁定模式:当时钟系统获得参考时钟且频率偏移在锁定阈值内,或者在保持模式下参考时钟恢复正常且相位偏差小于锁定阈值的工作模式。该模式为基站时钟的正常工作模式。

④ 保持模式:当参考时钟出现异常,相位偏差大于锁定阈值或者频率偏移大于锁定阈值时的工作模式。

在一定的触发条件下,时钟的 4 种工作模式可以相互转换。图 4-38 给出了时钟工作模式的转换关系。

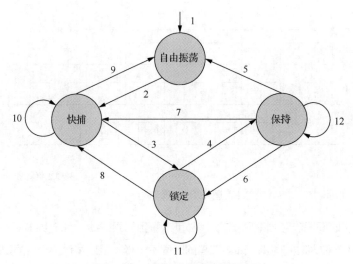

图 4-38　时钟工作模式的转换关系

下面结合图 4-38 介绍各种时钟工作模式的具体转换关系。

（1）当晶振预热完成且没有有效的参考时钟时，时钟进入自由振荡模式。

（2）当接收到有效时钟信号或参考时钟恢复正常时，时钟由自由振荡模式进入快捕模式。

（3）当系统参考时钟的频率偏移在锁定阈值内时，时钟由快捕模式进入锁定模式。

（4）以下任一情况发生时，时钟由锁定模式进入保持模式：参考时钟异常，相位偏差大于锁定阈值，以及频率偏移大于锁定阈值。

（5）当时钟处于保持模式，超过保持时间后，时钟由保持模式进入自由振荡模式。

（6）当时钟处于保持模式，参考时钟恢复正常且相位偏差小于锁定阈值时，时钟由保持模式进入锁定模式。

（7）当时钟处于保持模式，参考时钟恢复正常但是相位偏差超出锁定阈值时，时钟由保持模式进入快捕模式。

（8）当时钟处于锁定模式，系统检测到频率偏移大于锁定阈值时，时钟由锁定模式进入快捕模式。

（9）当时钟处于快捕模式，系统检测到系统参考时钟异常时，时钟由快捕模式进入自由振荡模式。

（10）当时钟处于快捕模式，系统检测到的频率偏移在可跟踪阈值内但大于锁定阈值时，时钟保持为快捕模式。

（11）当时钟处于锁定模式，系统检测到的频率偏移在锁定阈值内时，时钟保持为锁定模式。

（12）当时钟处于保持模式时，若没有超出保持时间，则时钟一直保持为保持模式。

2. 5G 基站时钟同步方案

5G NR（TDD）时钟同步方案有两种，分别为 GPS 方式和 IEEE 1588v2 方式，具体介绍如下。

（1）GPS 方式

GPS 中包含了 GPS 同步和北斗同步。其中，GPS 是美国提供的全球定位系统，该系统可以在全球范围内全天候为地面目标提供精确定位、导航和授时服务。GPS 作为一个高精度同步源，精度达到微秒级，它可以支持 gNB 实现频率同步和时间同步。北斗卫星导航系统（BeiDou navigation satellite System，BDS）是中国自行研制的全球卫星导航系统，是继美国的 GPS、俄罗斯的格洛纳斯卫星导航系统之后第三个成熟的卫星导航系统，其实现原理和功能与 GPS 类似。当同步源为北斗卫星导航系统时，gNB 通过配置支持北斗星卡的单板与外接的北斗天馈系统相连，从北斗卫星同步系统中获取同步信号。

（2）IEEE 1588v2 方式

主从设备间通过交互 IEEE 1588v2 消息，利用精确的时间戳计算时间和频率偏移，实现主从设备的频率同步和时间同步，精度可以达到微秒级。IEEE 1588v2 同步技术是 IP 网络时钟方案之一，应用于以太网传输组网，IEEE 1588v2 支持频率同步和时间同步。

时钟管理主要是基站上时钟状态的查询，所涉及的主要 MML 命令及其功能如表 4-6 所示。

表 4-6　时钟管理涉及的主要 MML 命令及其功能

查询项目	主要 MML 命令	功能
时钟工作模式	LST CLKMODE	查询网元参考时钟源和时钟工作模式
时钟状态	DSP CLKSRC	查询参考时钟源状态
	DSP CLKSTAT	查询系统时钟状态
	DSP GPS	查询 GPS 状态
	DSP IPCLKLINK	查询 IP 时钟链路状态
时钟同步模式	LST CLKSYNCMODE	查询基站时钟同步模式

3. 5G 基站时钟管理

下面基于 5GStar 对时钟管理的相关命令进行介绍。

（1）查询时钟状态

使用 MML 命令"LST CLKMODE"可查询网元参考时钟源和时钟工作模式，其查询结果如图 4-39 所示。

```
%%LST CLKMODE:;%%
RETCODE = 0  执行成功

查询参考时钟源工作模式
----------------------
     时钟工作模式  = 手动
  指定的参考时钟源  = GPS Clock
   参考时钟源编号  = 0
（结果个数 = 1）
```

图 4-39　网元参考时钟源和时钟工作模式查询结果

时钟工作模式有自动、手动和自振 3 种。自动模式表示系统根据参考时钟源的优先级和可用状态自动选择参考时钟源；手动模式表示用户手动指定某一路参考时钟源；自振模式表示系统工作于自由振荡状态，不跟踪任何参考时钟源。

（2）查询时钟源状态

使用 MML 命令"DSP CLKSRC"可查询所有已配置参考时钟源的状态，每个参考时钟源的状态由其本身的链路可用状态决定，其查询结果如图 4-40 所示。

```
%%DSP CLKSRC:;%%
RETCODE = 0   执行成功

查询参考时钟源状态
------------------
    参考时钟源编号    =  0
    参考时钟源类型    =  GPS Clock
  参考时钟源优先级    =  4
    参考时钟源状态    =  可用
参考时钟源激活状态    =  激活
        许可授权    =  允许
(结果个数 = 1)
```

图 4-40 已配置参考时钟源的状态查询结果

参考时钟源优先级取值为 1 时表示该参考时钟源优先级最高，取值为 4 时表示该参考时钟源优先级最低。只有可用的时钟链路作为当前参考时钟源状态时才有意义，否则即使激活参考时钟源也可能无法锁定。参考时钟源处于激活状态时，表示当前时钟源为该条时钟链路。

（3）查询系统时钟状态

使用 MML 命令"DSP CLKSTAT"可查询系统时钟状态，包括当前时钟源、当前时钟源状态、时钟工作模式、锁相环状态和基站时钟同步模式等，其查询结果如图 4-41 所示。

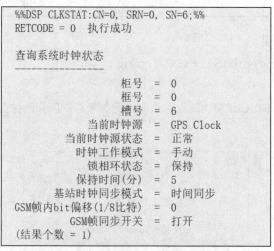

```
%%DSP CLKSTAT:CN=0, SRN=0, SN=6;%%
RETCODE = 0   执行成功

查询系统时钟状态
------------------
                柜号    =  0
                框号    =  0
                槽号    =  6
            当前时钟源    =  GPS Clock
        当前时钟源状态    =  正常
          时钟工作模式    =  手动
            锁相环状态    =  保持
          保持时间(分)    =  5
      基站时钟同步模式    =  时间同步
GSM帧内bit偏移(1/8比特)    =  0
        GSM帧同步开关    =  打开
(结果个数 = 1)
```

图 4-41 系统时钟状态查询结果

在图 4-41 中，"当前时钟源"参数表示网元当前使用的参考时钟源；"当前时钟源状态"参数表示当前单板跟踪的时钟源的状态，主要包括正常、丢失、不可用、抖动、未知、频率偏差过大、相位偏差过大、时钟参考源不同源、当前时钟源与基站时钟同步模式不匹配等状态；"时钟工作模式"参数表示参考时钟源的工作模式，包含手动、自动和自振 3 种工作模式；"锁相环状态"参数表示单板的锁相环状态，体现了系统时钟的稳定状况，主要包括快捕、锁定、保持、自由振荡状态；"基站时钟同步模式"参数表示基站时钟使用的同步模式，包含频率同步和时间同步两种模式。

表 4-7 列出了系统时钟状态关键参数信息，只要其中有一项参数不是正常值，就说明同步出现了问题。

表 4-7　系统时钟状态关键参数信息

关键参数	异常值	正常值
当前时钟源（Current Clock Source）	未知	GPS Clock 或 IP Clock
当前时钟源状态（Current Clock Source Status）	丢失、不可用、抖动、频率偏差过大、相位偏差过大、时钟参考源不同源等	正常
锁相环状态（PLL Status）	快捕、保持、自由振荡	锁定
基站时钟同步模式（Clock Synchronization Mode）	未知	时间同步

（4）查询 GPS 状态

当时钟同步源是 GPS/北斗卫星导航系统时，使用 MML 命令"DSP GPS"可查询指定的 GPS 状态，即 GPS 时钟链路的动态信息，其查询结果如图 4-42 所示。

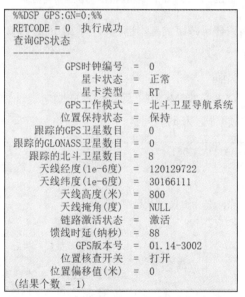

```
%%DSP GPS:GN=0;%%
RETCODE = 0  执行成功
查询GPS状态
------------
        GPS时钟编号  =  0
          星卡状态  =  正常
          星卡类型  =  RT
      GPS工作模式  =  北斗卫星导航系统
      位置保持状态  =  保持
    跟踪的GPS卫星数目  =  0
  跟踪的GLONASS卫星数目  =  0
    跟踪的北斗卫星数目  =  8
    天线经度（1e-6度）  =  120129722
    天线纬度（1e-6度）  =  30166111
      天线高度（米）  =  800
      天线掩角（度）  =  NULL
      链路激活状态  =  激活
    馈线时延（纳秒）  =  88
        GPS版本号  =  01.14-3002
      位置核查开关  =  打开
    位置偏移值（米）  =  0
（结果个数 = 1）
```

图 4-42　GPS 时钟链路的动态信息查询结果

在图 4-42 中，"星卡状态"参数表示星卡的物理状态，包括星卡不存在、天线短路、天线开路、自检失败、星卡通信异常、正常、星卡未知异常、USCU 单板不可用、星卡不可知等状态，星卡复位时的星卡状态显示不准确。"GPS 工作模式"参数表示星卡的工作模式。星卡分为双模星卡和单模星卡两种。双模星卡可以支持两种搜星模式。以北斗卫星导航系统的双模星卡为例，其工作模式包含北斗卫星导航系统主用和全球定位系统主用两种。处于北斗卫星导航系统主用时，优先处理北斗卫星导航系统卫星信号；处于全球定位系统主用时，优先处理全球定位系统卫星信号。单模星卡只支持一种搜星模式，例如，只支持全球定位系统模式。

注意，当星卡状态不正常时，只能查询到部分参数。当 GPS 搜星不足时，无法定位 GPS 天线经度、纬度和高度。

（5）查询 IP 时钟链路状态

当时钟同步源是 IEEE 1588v2 时钟时，使用 MML 命令"DSP IPCLKLINK"可查询 IP 时钟链路的运行状态，其查询结果如图 4-43 所示。

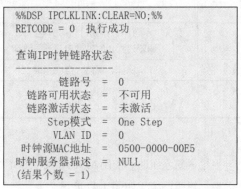

图 4-43　IP 时钟链路的运行状态查询结果

当不指定链路号时，将只显示链路的基本运行状态，即 IP 时钟编号、链路可用状态和链路激活状态。

（6）查询基站时钟同步模式

使用 MML 命令"LST CLKSYNCMODE"可查询基站时钟同步模式，其查询结果如图 4-44 所示。基站时钟同步模式分为频率同步和时间同步。

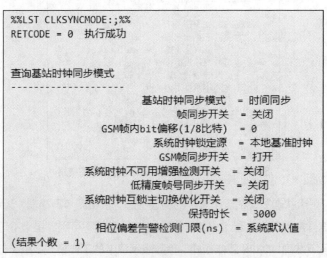

图 4-44　基站时钟同步模式查询结果

本节对基站设备管理进行了介绍，重点介绍了如何在 5GStar 上使用 MML 命令对基站设备进行软件管理、BBU 模块管理、射频模块管理及时钟管理。

4.4 基站传输管理

基站的传输管理主要是对 gNB 与对端各个网元之间接口的管理。gNB 与对端网元之间的接口主要分为以下 3 类。

（1）NG 接口：gNB 与 5GC 之间的接口。

（2）Xn 接口：gNB 与 gNB 之间的接口。

（3）OM 接口：gNB 与 MAE 之间的接口。

基站的传输管理其实就是对 NG 接口、Xn 接口和 OMCH 接口的管理，而这种管理实际上是基于各个传输接口的传输协议栈进行的。

4.4.1 传输协议栈

传输协议栈是指网络传输中各层协议的总和，其形象地反映了一个网络中数据传输的过程，由上层协议到底层协议，再由底层协议到上层协议。NG 接口和 Xn 接口的传输协议栈结构一样，唯一的区别是高层的信令和数据。NG 接口传输协议栈如图 4-45 所示。

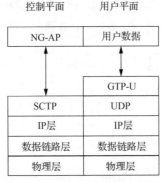

图 4-45　NG 接口传输协议栈

该协议栈的结构可以描述为"水平分层，垂直分面"。从水平角度来看，该协议栈可以分为物理层、数据链路层、IP 层和传输应用层。而从垂直角度来看，该协议栈可以分为控制平面和用户平面。该协议栈每一层的含义及作用如下。

物理层是通用传输协议栈的第一层，主要功能是提供物理层信号和协议处理，向上层数据链路层提供可靠的物理层数据传输。无线传输中主要涉及的物理层接口有以太网接口（电口及光口）、E1/T1 接口等。

数据链路层在物理层的基础上向 IP 层提供服务，其主要功能是为物理链路提供可靠的数据传输，其中包含基站的 MAC 地址和 VLAN 等信息。

IP 层是网络层，提供了 IP 寻址、路由选择和 IP 数据报的分割及重组等功能。

传输应用层主要是传输协议，控制平面传输应用层采用 SCTP 承载；用户平面传输应用层采用 GTP-U over UDP/IP 承载。其中，SCTP 是流控制传输协议，通过在两个对等的 SCTP 终端间建立

SCTP 关联以实现面向连接的可靠传输。SCTP 建立在 IP 层之上，是 NG/Xn 接口的信令承载协议。UDP 是用户数据报协议，主要用于传输数据。UDP 建立在 IP 层之上，是面向无连接的不可靠的传输层协议。GTP-U 协议用于传输 NG/Xn 接口的用户数据。

除了 NG 和 Xn 接口，还有 OM 接口。OM 接口是 gNB 与 MAE 之间的接口，它的传输协议栈结构和 NG/Xn 接口的传输协议栈结构是不一样的。OM 接口的传输协议栈结构如图 4-46 所示。

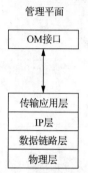

图 4-46　OM 接口的传输协议栈结构

从水平角度来看，该协议栈可以分为物理层、数据链路层、IP 层和传输应用层。而从垂直角度来看，该协议栈只有管理平面。该协议栈采用 TCP over IP 协议承载。TCP 为应用程序提供的面向连接的可靠服务，用于 OM 通道的传输承载，NR 的 OM 通道承载在 TCP 之上。

4.4.2　传输常用测试方法

在传输应用层的维护中，对 gNB 进行日常维护及测试的方法有两种，这两种方法分别是分段维护和分层维护。

1. 分段维护

分段维护可以判断 gNB 与对端网络的传输连通性，这种传输连通性测试主要用到了 PING、TRACERT 命令。下面分别介绍这两个维护及测试命令。

（1）PING 测试

使用 MML 命令"PING"可测试网络线路质量并据此判断网络连接是否出现故障，即检查 TCP/IP 网络连接是否正常、目的主机是否可达。该命令的执行界面如图 4-47 所示。

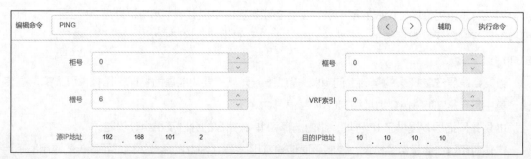

图 4-47　PING 命令的执行界面

Ping报文长度	32		连续Ping	DISABLE(禁用)	
超时时间	3000		Ping报文个数	4	
优先级规则	DSCP(差分服务码)		差分服务码	0	

| Ping报文发送间隔(毫秒) | 1000 | | Ping报文指定出端口 | NO(否) | |
| 下一跳IP地址 | . . . | | 不分片开关 | OFF(关) | |

图 4-47 PING 命令的执行界面（续）

需要说明的是，参数中的"槽号"为 PING 检测的源 IP 地址所在的槽号，一般传输相关的内容在主控板所在的槽位；"源 IP 地址"为 gNB 的本端 IP 地址，该地址必须为本地已经配置的 IP 地址且不支持使用近端维护网口的 IP 地址作为本端 IP 地址；"目的 IP 地址"为对端 IP 地址，如 AMF、UPF、网管或者网关 IP 地址等。

如果 PING 命令执行成功了，那么正常的报文结果如图 4-48 所示。

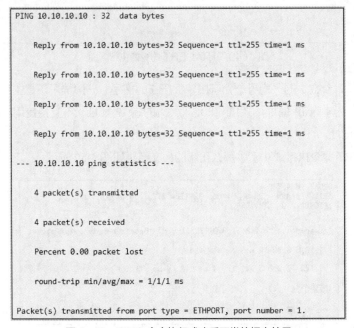

```
PING 10.10.10.10 : 32  data bytes

    Reply from 10.10.10.10 bytes=32 Sequence=1 ttl=255 time=1 ms

    Reply from 10.10.10.10 bytes=32 Sequence=1 ttl=255 time=1 ms

    Reply from 10.10.10.10 bytes=32 Sequence=1 ttl=255 time=1 ms

    Reply from 10.10.10.10 bytes=32 Sequence=1 ttl=255 time=1 ms

--- 10.10.10.10 ping statistics ---

    4 packet(s) transmitted

    4 packet(s) received

    Percent 0.00 packet lost

    round-trip min/avg/max = 1/1/1 ms

Packet(s) transmitted from port type = ETHPORT, port number = 1.
```

图 4-48 PING 命令执行成功后正常的报文结果

从图 4-48 中可以看到传输过程中的丢包情况。"4 packet(s) transmitted"表示发送了 4 个数据包，"4 packet(s) received"表示收到了 4 个数据包，"Percent 0.00 packet lost"表示丢包率为 0，所以可以看出没有发生数据包丢失的情况，"round-trip min/avg/max=1/1/1ms"表示网络路径传输的时延情况，最小时延、平均时延和最大时延都是 1ms。当启用连续 PING 命令功能时，可以使用 Ctrl+Q 组合键来使其停止。

（2）TRACERT 测试

使用 MML 命令"TRACERT"可以测试数据包从源主机发送到目的地所经过的网关，主要用于检查网络连接是否可达，分析及定位网络发生故障的位置。该命令的执行界面如图 4-49 所示。

| 编辑命令 | TRACERT | | | | 〈 | 〉 | 辅助 | 执行命令 |

框号	0			框号	0			
槽号	6			VRF索引	0			
源IP地址	192 . 168 . 101 . 2			目的IP地址	10 . 10 . 10 . 10			
初始TTL	1			最大TTL	30			
UDP端口号	52889			探测包个数	3			
超时时间	5000			不分片开关	OFF(关)			
差分服务码	0			通路DSCP显示开关	OFF(关)			
连续TRACERT	DISABLE(禁用)							

图 4-49　TRACERT 命令的执行界面

需要说明的是，参数中的"槽号"为所属单板所在的槽号，一般情况下是主控单板所在的槽位号；"源 IP 地址"为本端 IP 地址；"目的 IP 地址"为对端 IP 地址，不支持使用本地已经配置的 IP 地址作为目的 IP 地址。

如果 TRACERT 命令执行成功了，那么正常的报文结果如图 4-50 所示。

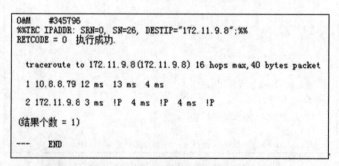

```
O&M    #345796
%%TRC IPADDR: SRN=0, SN=26, DESTIP="172.11.9.8";%%
RETCODE = 0  执行成功.

   traceroute to 172.11.9.8(172.11.9.8) 16 hops max,40 bytes packet

   1  10.8.8.79 12 ms  13 ms  4 ms

   2  172.11.9.8 3 ms  !P  4 ms  !P  4 ms  !P

(结果个数 = 1)

---    END
```

图 4-50　TRACERT 命令执行成功后正常的报文结果

从图 4-50 中可以看到 TRACERT 报文经过每级路由之后到达的目的地址以及每级路由的传输时延。"10.8.8.79"表示 TRACERT 报文经过一级路由之后正常到达的目的地址，"12ms 13ms 4ms"表示 TRACERT 报文在一级路由中传输的时延情况，这里有 3 个数据，因为 TRACERT 报文的个数默认为 3 个。当启用连续 TRACERT 命令功能时，可以使用 Ctrl+Q 组合键来使其停止。

2. 分层维护

分层维护是指根据协议栈结构分层管理 gNB 相关的传输信息。通过前面的内容可知,传输协议栈从水平角度可以分为物理层、数据链路层、IP 层和传输应用层,分层维护就是从这个维度进行管理的。维护协议层中低 3 层的 MML 命令如表 4-8 所示。

表 4-8 维护协议层中低 3 层的 MML 命令

协议层	MML 命令	功能
—	LST GTRANSPARA	查询基站全局传输参数
物理层	LST ETHPORT	查询以太网端口配置信息
	DSP ETHPORT	查询以太网端口状态
数据链路层	DSP ARP	查询 ARP 表项
	LST INTERFACE	查询接口配置信息
	DSP INTERFACE	查询生效的接口状态信息
IP 层	LST IPADDR4	查询 IPv4 地址配置信息
	LST IPROUTE4	查询 IPv4 路由配置信息
	DSP IPROUTE4	查询 IPv4 路由表

在表 4-8 中,第一条命令比较特殊,它不属于任何一层的管理,它属于传输配置模式的管理命令。下面来逐一介绍这些命令的使用方法及功能。

(1)传输配置模式管理

使用 MML 命令"LST GTRANSPARA"可查询基站全局传输参数配置信息,其查询结果如图 4-51 所示。

图 4-51 基站全局传输参数配置信息查询结果

在查询结果的输出参数中，最后一个参数是"传输配置模式"。传输配置模式分为老模式和新模式。老模式的传输模型中含有柜、框、槽等定位信息，传输配置和设备单板绑定；新模式的传输模型中对传输应用层和设备模型之间的绑定关系进行解耦，即传输参数不再与物理单板/端口关联。新模式下规划传输配置数据时，无须关注设备单板的物理信息。目前，基站的传输配置模式以"新模式"为主。

（2）物理层管理

物理层管理主要是对传输的物理载体信息的管理。

使用 MML 命令"LST ETHPORT"可查询以太网端口配置信息，显示的内容包括以太网端口速率、双工模式和端口属性等，其查询结果如图 4-52 所示。

图4-52　以太网端口配置信息查询结果

查询结果的输出参数中包含"端口标识"，该参数用于唯一标识一个以太网端口，当基站的"传输配置模式"取值为"老模式"时，该参数为可选参数，不对其进行配置时，其默认值为4294967295。当基站的"传输配置模式"取值为"新模式"时，该参数为必配参数，必须在系统中唯一。

使用 MML 命令"DSP ETHPORT"可查询以太网端口状态，显示的内容包括最大传输单元（字节）、端口标识、MAC 地址、ARP 代理、物理层状态和流控等，其查询结果如图 4-53 所示。

```
%%DSP ETHPORT:CN=0, SRN=0, CLEAR=NO;%%
RETCODE = 0   执行成功

查询以太网端口状态
----------------------
柜号  框号  槽号  子板类型  端口号  端口标识      端口属性  端口状态  物理层状态  最大传输单元(字节)  ARP代理  流控  MAC地址

0     0     6     基板      0       4294967295    电口      未激活    未激活      NULL                NULL     启动  3030-4541-2D33
0     0     6     基板      1       66            光口      激活      激活        NULL                NULL     启动  3030-4541-2D33
0     0     6     基板      2       4294967295    电口      未激活    未激活      NULL                NULL     启动  3030-4541-2D33
0     0     6     基板      3       4294967295    光口      未激活    未激活      NULL                NULL     启动  3030-4541-2D33
(结果个数 = 4)

---   END
```

图4-53　以太网端口状态查询结果

从图 4-53 中可以看到,0~3 号端口的状态信息全部展示出来了。在这里需要说明的是,"端口属性"参数信息表示以太网端口的光电属性,如果该参数配置错误,则会导致基站复位后业务中断;"端口状态"参数信息表示以太网端口的状态,配置使用的端口正常情况下处于"激活"状态。

(3)数据链路层管理

数据链路层管理主要是对 OSI 七层模型中第二层信息的管理,如 MAC 地址、VLAN 等信息的管理。

使用 MML 命令"DSP ARP"可查询系统的地址解析协议(Address Resolution Protocol,ARP)表项,其查询结果如图 4-54 所示。

```
%%DSP ARP:CN=0, SRN=0;%%
RETCODE = 0  执行成功


查询ARP表项
- - - - - - - - - - -
框号    框号    槽号    VRF索引    IP地址          MAC地址          ARP类型    ARP老化时间(分)
0      0      6      0          10.175.180.1    0000-5E00-0101   动态已解析   20
0      0      6      0          10.175.180.31   0425-C501-DF51   动态已解析   20
0      0      6      0          172.28.1.1      F41D-6BBE-A994   动态已解析   16
0      0      6      0          10.175.180.41   286E-D488-C62E   动态已解析   19
0      0      6      0          10.175.180.32   0425-C5DB-763D   动态已解析   20
0      0      6      0          10.175.180.23   28A6-DB31-6BB2   动态已解析   9
0      0      6      0          10.175.180.21   AC75-1D7D-4F26   动态已解析   9
0      0      6      0          10.175.180.22   28A6-DB31-6C02   动态已解析   9
0      0      6      0          10.175.180.200  F41D-6BBE-A993   动态已解析   16
0      0      6      0          172.28.1.149    48F8-DBC1-8A48   动态已解析   20
(结果个数 = 10)
```

图 4-54　ARP 表项查询结果

ARP 是一种实现 IP 地址到 MAC 地址映射的协议。当基站发送报文到下一跳路由器时,会检测 ARP 表项中是否存在下一跳 IP 地址和 MAC 地址的映射。如果不存在,则基站会建立 IP 地址和 MAC 地址的映射关系。具体流程如下。

① 基站或控制器发送 ARP 请求。

② 下一跳路由器收到该 ARP 请求后,发送 ARP 响应。

③ 基站或控制器从 ARP 响应报文中获取下一跳 IP 地址对应的 MAC 地址,并在 ARP 表项中记录此下一跳 IP 地址和 MAC 地址的映射关系。

该命令执行成功后,显示的是基站的 ARP 表项,ARP 表项记录了基站学习到的对端端口的 IP 地址和 MAC 地址的全部映射关系。"ARP 老化时间(分)"参数表示 ARP 表项的老化剩余时间,其从 20min 开始倒计时,若基站和对端在 20min 倒计时内还有 OSI 七层模型中第二层的交互,则继续从 20min 开始倒计时;若 20min 内没有 OSI 七层模型中第二层的交互,则在表中删除该条信息,若此后又有交互,则需要基站再次发送 ARP 报文获取对端的 MAC 地址。

使用 MML 命令"LST INTERFACE"可查询接口配置信息,其查询结果如图 4-55 所示。

接口上可以设置其所属的 VLAN。一个 VLAN 就是一个广播域,一般一个网段被规划为一个 VLAN。不同 VLAN 之间需要通过路由才能互通,所以 VLAN 有效地抑制了广播风暴且起到了一定的安全隔离作用。

```
查询接口配置信息
━━━━━━━━━━━━━━━━
        接口编号  =  77
        接口类型  =  VLAN子接口
        端口类型  =  以太网端口
     IPv6使能开关  =  禁用
        端口标识  =  66
     VLAN标签开关  =  NULL
       VLAN标识  =  101
   DSCP到PCP映射表编号  =  0
   DSCP到队列映射表编号  =  0
        VRF索引  =  0
 IPv4最大传输单元(字节)  =  1500
 IPv6最大传输单元(字节)  =  NULL
        ARP代理  =  禁用
        用户标签  =  NULL
(结果个数 = 1)
```

图 4-55　接口配置信息查询结果

gNB 支持的 3 种 VLAN 模式分别是单 VLAN 模式（VLANMAP）、VLAN 组模式（VLANMAP/VLANCLASS）和接口 VLAN 模式（INTERFACE）。当传输配置模式为"新模式"时，推荐使用接口 VLAN 模式。

在查询结果的输出参数中，"接口类型"参数为"VLAN 子接口"。接口类型分为两种，一种是"普通接口"，另一种是"VLAN 子接口"。当没有 VLAN 场景时，接口类型就是"普通接口"，当属于 VLAN 场景下的接口类型时，需要将其配置为"VLAN 子接口"。注意，这里的"端口标识"引用的是物理层中定义的端口标识，也就是说，在新模式下，数据链路层的配置与物理层是通过"端口标识"参数互相关联的。

使用 MML 命令"DSP INTERFACE"可查询生效的接口状态信息，其查询结果如图 4-56 所示。

```
查询接口状态
━━━━━━━━━━━━
           接口编号  =  77
           接口类型  =  VLAN子接口
           端口类型  =  以太网端口
           端口标识  =  66
        VLAN标签开关  =  禁用
          VLAN标识  =  101
      DSCP到PCP映射表编号  =  0
      DSCP到队列映射表编号  =  0
           VRF索引  =  0
    IPv4最大传输单元(字节)  =  0
    IPv6最大传输单元(字节)  =  NULL
           ARP代理  =  禁用
            柜号  =  0
            框号  =  0
            槽号  =  6
           接口状态  =  激活
          IPv4地址数  =  1
          IPv4地址  =  192.168.101.2
          链路本地地址  =  NULL
     全球范围内的单播地址个数  =  NULL
     全球范围内的单播地址列表  =  NULL
         多播地址个数  =  NULL
         多播地址列表  =  NULL
        IPv6使能开关  =  禁用

(结果个数 = 1)
```

图 4-56　生效的接口状态信息查询结果

在查询结果的输出参数中，"接口状态"参数为"激活"，配置使用的接口正常情况下均为"激活"状态。

（4）IP 层管理

IP 层管理主要是对基站的 IP 地址及路由信息的管理。

使用 MML 命令"LST IPADDR4"可查询已配置的设备 IP 地址信息，即基站的本端 IP 地址，其查询结果如图 4-57 所示。

```
%%LST IPADDR4:;%%
RETCODE = 0   执行成功

查询IPv4地址配置信息
————————————
接口编号  =  77
   IP地址  =  192.168.101.2
  子网掩码  =  255.255.255.192
  VRF索引  =  0
  用户标签  =  for NG&XN
(结果个数 = 1)
```

图 4-57　设备 IP 地址信息查询结果

在查询结果的输出参数中，"接口编号"参数引用了 INTERFACE 中定义的接口编号，如图 4-55 所示，也就是说，在新模式下，数据链路层的配置与 IP 层是通过"接口编号"参数互相关联的；"IP 地址"参数就是配置在基站传输接口上的 IP 地址，这个 IP 地址也是基站和网络中各网元的通信地址，需要说明的是，每个以太网端口的最多 IPv4 地址个数为 8。

IP 路由有两种方式：一种是基于目的 IP 地址的路由，简称目的路由，这种路由方式根据报文的目的 IP 地址查找报文发送的出端口及网关 IP 地址；另一种是基于源 IP 地址的路由，简称源地址路由，这种路由方式根据 IP 报文中的源 IP 地址查找报文发送的出端口及网关 IP 地址，可以通过使用 MML 命令"DSP SRCIPROUTE4"进行查询。

使用 MML 命令"LST IPROUTE4"可查询基站内所有配置的静态路由信息，其查询结果如图 4-58 所示。

```
%%LST IPROUTE4:;%%
RETCODE = 0   执行成功

查询IPv4路由配置信息
————————————
        路由索引  =  88
        VRF索引  =  0
      目的IP地址  =  0.0.0.0
       子网掩码  =  0.0.0.0
       路由类型  =  下一跳
     下一跳IP地址  =  192.168.101.1
       端口类型  =  NULL
       端口标识  =  NULL
      对端IP地址  =  NULL
       MTU开关  =  关闭
 最大传输单元(字节)  =  NULL
        优先级  =  60
       用户标签  =  NULL
(结果个数 = 1)
```

图 4-58　静态路由信息查询结果

在查询结果的输出参数中，"目的IP地址"参数是指用来标识IP包的目的地址或目的网络；"子网掩码"参数是指与目的地址一起来标识目的主机或路由器所在的网段的地址，将目的地址和网络掩码"逻辑与"后可得到目的主机或路由器所在网段的地址；"下一跳IP地址"参数是指IP包所经由的下一个路由器的IP地址，需要注意的是，在一个基站内，路由索引要唯一，这个参数可以在本侧进行规划；当"路由类型"参数的取值为"下一条"时，表示符合该路由的IP包将被转发到指定的下一跳IP地址，当其取值为"IF"时，表示符合该路由的IP包将被转发到指定的出端口。

源IP地址、下一跳IP地址和目的IP地址其实就构成了一个简单的IP路由，如图4-59所示。

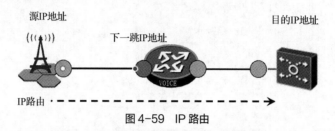

图4-59　IP路由

使用MML命令"DSP IPROUTE4"可查询IPv4路由状态信息，其查询结果如图4-60所示。

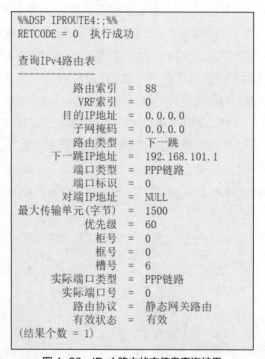

图4-60　IPv4路由状态信息查询结果

在查询结果的输出参数中，"路由协议"参数为"静态网关路由"，这个参数在基站侧配置；"有效状态"参数为"有效"，表示该路由正常可用。

在基站传输数据的过程中，和IP层数据相关的配置其实就是配置设备的IP地址和IP路由。这里简单介绍一下配置设备IP地址和IP路由的方法。

使用 MML 命令"ADD IPADDR4"可配置设备的 IP 地址。配置设备 IP 地址的目的是增加控制平面、用户平面和 OM 通道的设备 IP 地址。

使用 MML 命令"ADD IPROUTE4"可配置 IP 路由。配置 IP 路由的目的是增加一条静态路由，当对端网元和基站的 IP 地址属于不同网段时，该链路需要配置路由才能完成 IP 报文交换。

至此，已经讲解了新模式下的低 3 层的管理，即物理层管理、数据链路层管理和 IP 层管理。这三层之间存在一种映射关系，如图 4-61 所示。

图 4-61 低 3 层的映射关系

物理层管理可以查询以太网端口配置信息和端口状态。数据链路层管理可以查询 VLAN 接口的配置信息和状态。物理层和数据链路层通过"端口标识"字段进行映射，即通过物理层管理中的 LST ETHPORT 命令查询出来的"端口标识"字段和数据链路层管理中的 LST INTERFACE 命令查询出来的"端口标识"字段进行关联。IP 层管理可以查询基站的 IP 地址及路由信息，IP 层和数据链路层通过"接口编号"字段进行映射，即通过 IP 层管理中的 LST IPADDR4 命令查询出来的"接口编号"字段和数据链路层管理中的 LST INTERFACE 命令查询出来的"接口编号"字段进行关联。这样，从物理层到数据链路层再到 IP 层就完全映射起来了。

（5）传输应用层管理

gNB 的传输应用层管理只支持 End-Point 方式。只需要配置本端与对端的接口信息，两者之间的链路或通道的建立将自动完成。因此，在日常维护中，只需要确认本端和对端的信息无误，并查看本端与对端之间建立的链路状态即可，具体内容如下。

① 传输接口控制平面的配置管理。

② 传输接口用户平面的配置管理。

③ 传输接口状态管理。

不管是 NG 接口还是 Xn 接口，根据传输的内容不同均可分为接口控制平面和接口用户平面。传输应用层的接口配置对象关系如图 4-62 所示。

控制平面分别通过 SCTPHOST 和 SCTPPEER 来设置控制平面链路本端和对端 IP 地址及端口号等信息。SCTP 链路采用本端第一个 IP 地址和对端第一个 IP 地址作为本端和对端 IP 地址。本端 SCTP 端口号和对端 SCTP 端口号需要一致，建议配置为"38412"。SCTP 参数模板（SCTPTEMPLATE）中配置了 SCTP 链路的公共的可选参数。控制平面链路通过索引来使用 SCTP 参数模板。

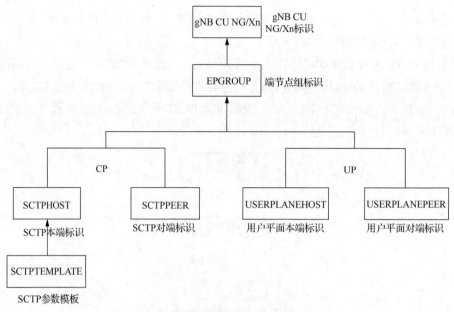

图 4-62　传输应用层的接口配置对象关系

　　用户平面则分别通过 USERPLANEHOST 和 USERPLANEPEER 来设置用户平面链路本端和对端 IP 地址等信息。gNB 采用本端接口用户平面 IP 地址和对端接口用户平面 IP 地址互联。

　　对于端节点组而言，通过 EPGROUP 将本端控制平面、本端用户平面、对端控制平面和对端用户平面加入端节点组，同一个端节点组的本端控制平面和对端控制平面建立 SCTP 链路，本端用户平面和对端用户平面建立用户平面通道。需要注意的是，一个 NG/Xn 接口的本端控制平面和对端控制平面必须加入同一个端节点组，同时，一个 NG/Xn 接口的本端用户平面和对端用户平面也必须加入同一个端节点组，控制平面和用户平面可以在一个端节点组中。

　　最后，通过 gNB CU NG/Xn 来增加 NG/Xn 接口对象，并与端节点组的信息进行绑定。

　　传输应用层管理的相关 MML 命令及其功能如表 4-9 所示。

表 4-9　传输应用层管理的相关 MML 命令及其功能

管理内容	MML 命令	功能
端节点组	LST EPGROUP	查询端节点组配置信息
控制平面	LST SCTPHOST	查询 SCTP 本端对象配置信息
	LST SCTPPEER	查询 SCTP 对端对象配置信息
	LST SCTPHOST2EPGRP	查询端节点组的 SCTP 本端
	LST SCTPPEER2EPGRP	查询端节点组的 SCTP 对端
用户平面	LST USERPLANEHOST	查询用户平面本端对象配置信息
	LST USERPLANEPEER	查询用户平面对端对象配置信息
	LST UPHOST2EPGRP	查询端节点组的用户平面本端
	LST UPPEER2EPGRP	查询端节点组的用户平面对端
接口	LST GNBCUNG	查询 gNB CU NG 对象
	LST GNBCUXN	查询 gNB CU Xn 对象

使用 MML 命令"LST EPGROUP"可查询端节点组配置信息，其查询结果如图 4-63 所示。

```
查询端节点组配置信息
_____
        端节点对象归属组标识  =  0
              VRF 索引  =  0
           SCTP本端列表  =  0
           SCTP对端列表  =  0
          用户面本端列表  =  0
          用户面对端列表  =  0
  包过滤ACLRULE自建立自删除开关  =  禁止
              用户标签  =  NG
                类型  =  通用
          链路性能统计开关  =  禁止
              控制模式  =  手工模式
          自动配置标识  =  手工创建
          静态检测开关  =  允许
    IP PM自建立自删除开关  =  禁止
      IP PM差分服务码  =  NULL
            APP类型  =  NULL
          eNodeB接口  =  NULL
          gNodeB接口  =  NULL
        IP协议版本优先权  =  IPv6
(结果个数 = 1)
```

图 4-63　端节点组配置信息查询结果

在查询结果的输出参数中，"端节点对象归属组标识"参数往往和接口一一对应，一般一个接口对应一个端节点组，当 gNB 与对端有多个接口时，应配置多个端节点组，一个端节点组中一般有控制平面的本端和对端信息，以及用户平面的本端和对端信息；"SCTP 本端列表"参数标识的是控制平面的本端信息；"SCTP 对端列表"参数标识的是控制平面的对端信息；"用户面本端列表"参数标识的是用户平面的本端信息；"用户面对端列表"参数标识的是用户平面对端信息。

使用 MML 命令"LST SCTPTEMPLATE"可查询 SCTP 参数模板配置信息，其查询结果如图 4-64 所示。

```
查询SCTP参数模板配置信息
_____
        SCTP参数模板标识  =  0
        RTO最小值(毫秒)  =  1000
        RTO最大值(毫秒)  =  3000
        RTO初始值(毫秒)  =  1000
          RTO Alpha值  =  12
          RTO Beta值  =  25
          心跳间隔(毫秒)  =  5000
          最大偶联重传次数  =  10
          最大路径重传次数  =  5
          倒回主路径标志  =  允许
        倒回的连续心跳个数  =  10
        SACK超时时间(毫秒)  =  200
          校验和算法类型  =  CRC32
              最大流号  =  17
    SCTP最大数据单元(字节)  =  1464
(结果个数 = 1)
```

图 4-64　SCTP 参数模板配置信息查询结果

以上参数信息一般在出厂时就已设置，在调测的时候不需要修改，只需获取"SCTP 参数模板标识"用于后面参数的引用配置即可。

使用 MML 命令"LST SCTPHOST"可查询已配置的 SCTP 本端对象配置信息，其查询结果如图 4-65 所示。

```
查询SCTP本端配置信息
————————————————
          SCTP本端标识  =  0
             VRF索引  =  0
          IP协议版本  =  IPv4
    本端第一个IP地址  =  192.168.101.2
  本端第一个IPv6地址  =  NULL
本端第一个IP的IPSec自配置开关  =  禁止
本端第一个IP的安全本端标识  =  NULL
    本端第二个IP地址  =  0.0.0.0
  本端第二个IPv6地址  =  NULL
本端第二个IP的IPSec自配置开关  =  禁止
本端第二个IP的安全本端标识  =  NULL
      本端SCTP端口号  =  38412
    SCTP参数模板标识  =  0
             用户标签  =  NULL
         简化模式开关  =  简化模式关闭
         简化模式开关  =  简化模式关闭
第一个控制面端节点对象归属组标识  =  NULL
第一个用户面端节点对象归属组标识  =  NULL
第一个用户面端节点对象归属组类型  =  NULL
       多运营商共享开关  =  NULL
第二个控制面端节点对象归属组标识  =  NULL
第二个用户面端节点对象归属组标识  =  NULL
(结果个数 = 1)
```

图 4-65　SCTP 本端对象配置信息查询结果

在查询结果的输出参数中，"SCTP 本端标识"参数可看作一个索引值，用于与端节点组进行关联；"本端第一个 IP 地址"参数标识了 gNB 的 IP 地址，即在 IP 层配置的 IP 地址，用于与控制平面对端设备进行通信；对于"本端 SCTP 端口号"参数，当接口是 NG 时，其值为 38412，当接口为 Xn 时，其值为 38422；"SCTP 参数模板标识"参数引用的是 SCTPTEMPLATE 中的"SCTP 参数模板标识"的值。

使用 MML 命令"LST SCTPPEER"可查询 SCTP 对端配置信息，其查询结果如图 4-66 所示。

```
查询SCTP对端配置信息
————————————————
          SCTP对端标识  =  0
             VRF索引  =  0
          IP协议版本  =  IPv4
    对端第一个IP地址  =  10.10.10.10
  对端第一个IPv6地址  =  NULL
对端第一个IP的IPSec自配置开关  =  禁止
对端第一个IP的安全对端标识  =  NULL
    对端第二个IP地址  =  0.0.0.0
  对端第二个IPv6地址  =  NULL
对端第二个IP的IPSec自配置开关  =  禁止
对端第二个IP的安全对端标识  =  NULL
      对端SCTP端口号  =  38412
             对端标识  =  NULL
             控制模式  =  自动模式
         自动配置标识  =  手工创建
             用户标签  =  NULL
             闭塞标识  =  解闭塞
         简化模式开关  =  简化模式关闭
端节点对象归属组标识  =  NULL
(结果个数 = 1)
```

图 4-66　SCTP 对端配置信息查询结果

在查询结果的输出参数中，"SCTP 对端标识"参数可看作一个索引值，用于与端节点组进行关联；"对端第一个 IP 地址"参数为接口控制平面对端网元的 IP 地址，若是 NG 接口，则其为 AMF 网元的 IP 地址，若是 Xn 接口，则其为对端 gNB 的 IP 地址；对于"对端 SCTP 端口号"参数，当接口是 NG 时，其值为 38412，当接口为 Xn 时，其值为 38422。

使用 MML 命令"LST USERPLANEHOST"可查询用户平面本端对象配置信息，其查询结果如图 4-67 所示。

```
查询用户面本端配置信息
————————————————————————
      用户面本端标识  =  0
          VRF索引  =  0
        IP协议版本  =  IPv4
      多播侦听者开关  =  NULL
          接口编号  =  NULL
        本端IP地址  =  192.168.101.2
     本端IPv6地址  =  NULL
    IPSec自配置开关  =  禁止
       安全本端标识  =  NULL
          用户标签  =  NULL
          主备标识  =  主用
  (结果个数 = 1)
```

图 4-67　用户平面本端对象配置信息查询结果

在查询结果的输出参数中，"用户面本端标识"参数可看作一个索引值，用于与端节点组进行关联；"本端 IP 地址"参数标识了 gNB 的 IP 地址，即在 IP 层配置的 IP 地址，用于与用户平面对端设备进行通信。

使用 MML 命令"LST USERPLANEPEER"可查询已配置的用户平面对端对象配置信息，其查询结果如图 4-68 所示。

```
%%LST USERPLANEPEER::;%%
RETCODE = 0  执行成功

查询用户面对端配置信息
————————————————————————
      用户面对端标识  =  0
          VRF索引  =  0
        IP协议版本  =  IPv4
        对端IP地址  =  10.10.10.20
     对端IPv6地址  =  NULL
    IPSec自配置开关  =  禁止
       安全对端标识  =  NULL
          对端标识  =  NULL
          控制模式  =  自动模式
       自动配置标识  =  手工创建
        静态检测开关  =  与GTP-U静态检测开关一致
          用户标签  =  NULL
  (结果个数 = 1)
```

图 4-68　用户平面对端对象配置信息查询结果

在查询结果的输出参数中，"用户面对端标识"参数可看作一个索引值，用于与端节点组进行关联；"对端 IP 地址"参数为用户平面对端网元 IP 地址，若是 NG 接口，则其为 UPF 的 IP 地址，若是 Xn 接口，则其为对端 gNB 的 IP 地址；"自动配置标识"参数表示该对象是否为系统自动创建的，当该参数为"手工创建"时，表示该对象是用户手动配置生成的，当该参数为"自动创建"时，表示该对象是系统自动创建生成的。

查询控制平面本端、控制平面对端、用户平面本端、用户平面对端与端节点组的映射关系需要使用"LST SCTPHOST2EPGRP""LST SCTPPEER2EPGRP""LST UPHOST2EPGRP"和"LST UPPEER2EPGRP"这4条MML命令来完成。

使用MML命令"LST SCTPHOST2EPGRP"可查询端节点组中的SCTP本端，其查询结果如图4-69所示。

```
%%LST SCTPHOST2EPGRP:;%%
RETCODE = 0   执行成功


查询端节点组的SCTP本端
----------------------
            端节点对象归属组标识  = 0
               SCTP本端标识  = 0
(结果个数 = 1)
```

图4-69　端节点组中的SCTP本端查询结果

使用MML命令"LST SCTPPEER2EPGRP"可查询端节点组中的SCTP对端，其查询结果如图4-70所示。

```
%%LST SCTPPEER2EPGRP:;%%
RETCODE = 0   执行成功


查询端节点组的SCTP对端
----------------------
            端节点对象归属组标识  = 0
               SCTP对端标识  = 0
(结果个数 = 1)
```

图4-70　端节点组中的SCTP对端查询结果

使用MML命令"LST UPHOST2EPGRP"可查询端节点组中的用户平面本端，其查询结果如图4-71所示。

```
%%LST UPPEER2EPGRP:;%%
RETCODE = 0   执行成功


查询端节点组的用户面对端
----------------------
            端节点对象归属组标识  = 0
               用户面对端标识  = 0
(结果个数 = 1)
```

图4-71　端节点组中的用户平面本端查询结果

使用MML命令"LST UPPEER2EPGRP"可查询端节点组中的用户平面对端，其查询结果如图4-72所示。

186

```
%%LST UPHOST2EPGRP:;%%
RETCODE = 0  执行成功


查询端节点组的用户面本端
-----------------------
              端节点对象归属组标识 = 0
                  用户面本端标识 = 0
(结果个数 = 1)
```

图 4-72 端节点组中的用户平面对端查询结果

在现网中，NG 接口的用户平面对端、Xn 接口的控制平面对端和用户平面对端都可以实现自配置，无须手动配置，减少了配置的工作量。

当控制平面的本端和对端关联映射到一个 EPGROUP 后，会自动生成控制平面上的链路，即 SCTPLNK。使用 MML 命令"DSP SCTPLNK"可查询 SCTP 链路状态，其查询结果如图 4-73 所示。

```
%%DSP SCTPLNK:;%%
RETCODE = 0  执行成功


查询SCTP链路状态
----------------
                       链路号 = 70000
                      部署柜号 = 0
                      部署框号 = 0
                      部署槽号 = 7
                    IP协议版本 = IPv4
             本端第一个IP地址 = 192.168.101.2
             本端第二个IP地址 = 0.0.0.0
            本端第一个IPv6地址 = NULL
            本端第二个IPv6地址 = NULL
               本端SCTP端口号 = 38412
             对端第一个IP地址 = 10.10.10.10
             对端第二个IP地址 = 0.0.0.0
            对端第一个IPv6地址 = NULL
            对端第二个IPv6地址 = NULL
               对端SCTP端口号 = 38412
                       出流数 = 0
                       入流数 = 0
                  工作地址标识 = 主路径
              工作的本端IP地址 = NULL
              工作的对端IP地址 = NULL
                      闭塞标识 = 解闭塞
                 SCTP链路状态 = 正常
                 DTLS链路状态 = 未启用
                  状态改变原因 = 正常
                  状态改变时间 = 2021-05-12 16:08:56
       SCTP最大数据单元(字节) = 1464
(结果个数 = 1)
```

图 4-73 SCTP 链路状态查询结果

在查询结果的输出参数中，需要关注的是"SCTP 链路状态"参数，该参数显示"正常"时表示该 SCTP 链路状态正常，否则表示该 SCTP 链路状态异常。其中，"本端第一个 IP 地址""本端 SCTP 端口号"就是前面介绍的命令 LST SCTPHOST 查询结果中的"本端第一个 IP 地址""本端 SCTP 端口号"参数的值；"对端第一个 IP 地址""对端 SCTP 端口号"就是前面介绍的命令"LST SCTPPEER"查询结果中的"对端第一个 IP 地址""对端 SCTP 端口号"参数的值。

查询 NG/Xn 接口的对象配置信息以及接口状态信息需要使用"LST GNBCUNG""DSP GNBCUNG""LST GNBCUXN"和"DSP GNBCUXN"这 4 条 MML 命令完成。

使用 MML 命令"LST GNBCUNG"可查询 gNB CU NG 对象信息，其查询结果如图 4-74 所示。

```
%%LST  GNBCUNG: ; %%
RETCODE  =  0    执行成功

查询gNodeB  CU  NG对象
----------------------
  gNodeB  CU  NG对象标识  =  0
控制面端节点资源组标识  =  0
用户面端节点资源组标识  =  0
              用户标签  =  NULL
（结果个数 = 1）
```

图 4-74 gNB CU NG 对象信息查询结果

在查询结果的输出参数中，"控制面端节点资源组标识"参数表示 NG 对象使用的控制平面端节点组标识，如果取值是 4294967295，则表示无效；"用户面端节点资源组标识"参数表示 NG 对象使用的用户平面端节点组标识，如果取值是 4294967295，则表示无效。

使用 MML 命令"DSP GNBCUNG"可查询 gNB CU NG 对象管辖的 NG 接口状态信息，其查询结果如图 4-75 所示。

```
%%DSP  GNBCUNG: ; %%
RETCODE  =  0    执行成功

查询gNodeB  CU  NG对象
----------------------
      gNodeB  CU  NG对象标识  =  0
      gNodeB  CU  NG接口标识  =  0
      gNodeB  CU  NG接口状态  =  正常
gNodeB  CU  NG接口CP承载标识  =  0
gNodeB  CU  NG接口CP承载状态  =  正常
（结果个数 = 1）
```

图 4-75 gNB CU NG 接口状态信息查询结果

在查询结果的输出参数中，重点关注"gNodeB CU NG 接口状态"和"gNodeB CU NG 接口 CP 承载状态"两个参数。如果"gNodeB CU NG 接口状态"是"正常"，则表示该接口的控制平面信令可达，与对端正常通信；若为"异常"，则可能有两种原因，一种是 CP 承载异常，另一种是控制平面的信令不通，这是由全局参数问题导致的，如全局中的 MCC、MNC、gNB 标识等参数配置异常。如果"gNodeB CU NG 接口 CP 承载状态"是"正常"，则表示该接口协议栈对应的数据配置都正确；若为"异常"，则表示该接口协议栈对应的某一层出现了问题。

使用 MML 命令"LST GNBCUXN"可查询 gNB CU Xn 对象信息，其查询结果如图 4-76 所示。

```
%%LST GNBCUXN:;%%
RETCODE = 0  执行成功

查询gNodeB CU Xn对象
———————————
  gNodeB CU Xn对象标识  =  0
控制面端节点资源组标识  =  1
用户面端节点资源组标识  =  1
(结果个数 = 1)
```

图 4-76 gNB CU Xn 对象信息查询结果

在查询结果的输出参数中，"控制面端节点资源组标识"参数表示 Xn 对象使用的控制平面端节点组标识，如果取值是 4294967295，则表示无效；"用户面端节点资源组标识"参数表示 Xn 对象使用的用户平面端节点组标识，如果取值是 4294967295，则表示无效。

使用 MML 命令"DSP GNBCUXN"可查询 gNB CU Xn 接口状态信息，其查询结果如图 4-77 所示。

```
%%DSP GNBCUXN:;%%
RETCODE = 0  执行成功

查询gNodeB CU Xn对象
———————————
        gNodeB CU Xn对象标识  =  0
        gNodeB CU Xn接口标识  =  0
        gNodeB CU Xn接口状态  =  正常
gNodeB CU Xn接口CP承载标识  =  1
gNodeB CU Xn接口CP承载状态  =  正常
(结果个数 = 1)
```

图 4-77 gNB CU Xn 接口状态信息查询结果

在查询结果的输出参数中，重点关注"gNodeB CU Xn 接口状态"和"gNodeB CU Xn 接口 CP 承载状态"两个参数。如果"gNodeB CU Xn 接口状态"是"正常"，则表示该接口的控制平面信令可达，与对端正常通信；若为"异常"，则可能有两种原因，一种是 CP 承载异常，另一种是控制平面的信令不通，这是由全局参数问题导致的，如全局中的 MCC、MNC、gNB 标识等参数配置异常。如果"gNodeB CU Xn 接口 CP 承载状态"是"正常"，则表示该接口协议栈对应的数据配置都正确；若为"异常"，则表示该接口协议栈对应的某一层出现了问题。

本节对传输协议栈的内容进行了介绍，并重点介绍了如何在 5GStar 上使用 MML 命令进行基站传输管理。

4.5 基站无线管理

基站的无线部分有扇区、小区和邻区等概念。扇区是指覆盖一定地理区域的无线覆盖区，是对无线覆盖区域的划分。小区是指蜂窝移动通信系统中基站或基站的一部分（扇形天线）所覆盖的区域，在这个区域内移动台可以通过无线信道可靠地与基站进行通信。一个扇区可能包含几个小区。邻区是用户发生切换时可能到达的目标小区，即本小区和外部小区的邻区关系。基站无线管理主要从扇区管理、小区管理和邻区管理这 3 个部分展开。

4.5.1 扇区管理

扇区是一种物理概念，是地理区域信号的最小覆盖范围。每个扇区使用一个或多个无线载波完成无线覆盖，每个无线载波需要使用一个或多个频点。

扇区设备是一个扇区内的射频通道的组合，定义了扇区中的一组天线通道以及天线通道的工作方式，工作方式指天线通道工作于哪种模式，其工作方式包括接收、发送和收发，也表示天线通道是否作为主备发送通道。一个扇区中可以有多个不同的扇区设备。

扇区管理主要是基于 5GStar 使用 MML 命令查询扇区的配置及状态。扇区管理涉及的 MML 命令及其功能如表 4-10 所示。

表 4-10　扇区管理涉及的 MML 命令及其功能

MML 命令	功能
LST SECTOR	查询扇区配置信息
LST SECTOREQM	查询扇区设备配置信息

使用 MML 命令"LST SECTOR"可查询扇区的配置信息。

对于宏站场景，如果不指定扇区编号，则该命令的查询结果如图 4-78 所示。

```
查询扇区配置信息
-----------------
扇区编号  扇区名称  位置名称  用户标签  天线方位角(0.1度)

101      SECO     NULL     NULL     65535
102      SECO     NULL     NULL     65535
103      SECO     NULL     NULL     65535
(结果个数 = 3)
```

图 4-78　扇区配置信息（宏站场景，不指定扇区编号）查询结果

对于宏站场景，如果指定扇区编号，则该命令的查询结果如图 4-79 所示。

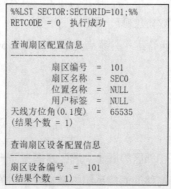

图 4-79　扇区配置信息（宏站场景，指定扇区编号）查询结果

对于室分场景，如果不指定扇区编号，则该命令的查询结果如图 4-80 所示。

```
%%LST SECTOR:;%%
RETCODE = 0  执行成功

查询扇区配置信息
------------------
扇区编号   扇区名称   位置名称   用户标签   天线方位角(0.1度)

107        SEC1       NULL       NULL       65535
108        SEC2       NULL       NULL       65535
109        SEC3       NULL       NULL       65535
110        SEC4       NULL       NULL       65535
111        SEC5       NULL       NULL       65535
112        SEC6       NULL       NULL       65535
(结果个数 = 6)
```

图 4-80 扇区配置信息（室分场景，不指定扇区编号）查询结果

对于室分场景，如果指定扇区编号，则该命令的查询结果如图 4-81 所示。

```
%%LST SECTOR:SECTORID=107;%%
RETCODE = 0  执行成功

查询扇区配置信息
------------------
         扇区编号   =  107
         扇区名称   =  SEC1
         位置名称   =  NULL
         用户标签   =  NULL
天线方位角(0.1度)  =  65535
(结果个数 = 1)

查询扇区天线配置信息
--------------------
柜号   框号   槽号   天线通道号

0      61     0      天线0A
0      61     0      天线0B
0      61     0      天线0C
0      61     0      天线0D
(结果个数 = 4)
```

图 4-81 扇区配置信息（室分场景，指定扇区编号）查询结果

使用 MML 命令"LST SECTOREQM"可查询扇区设备的配置信息。

对于宏站场景，该命令的查询结果如图 4-82 所示。

```
查询扇区设备配置信息
--------------------
扇区设备编号   扇区编号   天线配置方式   RRU柜号   RRU框号   RRU槽号   波束形状     波束垂直劈裂   波束方位角偏移
101            101        波束           0         60        0         120度扇形    无             无
102            102        波束           0         61        0         120度扇形    无             无
103            103        波束           0         62        0         120度扇形    无             无
(结果个数 = 3)
```

图 4-82 扇区设备配置信息（宏站场景）查询结果

在查询结果的输出参数中，"天线配置方式"参数信息表示扇区设备的天线信息配置方式，如果配置为"天线端口"，则需要配置天线端口列表；如果配置为"波束"，则需要配置 RRU 和波束赋形相关参数。一般宏站常用的 32T/32R 和 64T64R 的 AAU 配置为"波束"，RRU 配置为"天线端口"。

对于室分场景，该命令的查询结果如图 4-83 所示。

```
%%LST SECTOREQM:;%%
RETCODE = 0   执行成功

查询扇区设备配置信息
---------------------
扇区设备编号   扇区编号   天线配置方式   RRU柜号   RRU框号   RRU槽号   波束形状   波束垂直劈裂   波束方位角偏移

107        107      天线端口      NULL     NULL     NULL     NULL     NULL        NULL
108        108      天线端口      NULL     NULL     NULL     NULL     NULL        NULL
109        109      天线端口      NULL     NULL     NULL     NULL     NULL        NULL
110        110      天线端口      NULL     NULL     NULL     NULL     NULL        NULL
111        111      天线端口      NULL     NULL     NULL     NULL     NULL        NULL
112        112      天线端口      NULL     NULL     NULL     NULL     NULL        NULL
(结果个数 = 6)

查询扇区设备天线配置信息
---------------------
扇区设备编号   柜号   框号   槽号   天线通道号   天线收发类型   发射天线主备模式

107        0     61    0     天线0A      发送与接收     主
107        0     61    0     天线0B      发送与接收     主
107        0     61    0     天线0C      发送与接收     主
107        0     61    0     天线0D      发送与接收     主
108        0     62    0     天线0A      发送与接收     主
108        0     62    0     天线0B      发送与接收     主
108        0     62    0     天线0C      发送与接收     主
108        0     62    0     天线0D      发送与接收     主
109        0     63    0     天线0A      发送与接收     主
109        0     63    0     天线0B      发送与接收     主
109        0     63    0     天线0C      发送与接收     主
109        0     63    0     天线0D      发送与接收     主
110        0     64    0     天线0A      发送与接收     主
110        0     64    0     天线0B      发送与接收     主
110        0     64    0     天线0C      发送与接收     主
110        0     64    0     天线0D      发送与接收     主
111        0     65    0     天线0A      发送与接收     主
111        0     65    0     天线0B      发送与接收     主
111        0     65    0     天线0C      发送与接收     主
111        0     65    0     天线0D      发送与接收     主
112        0     66    0     天线0A      发送与接收     主
112        0     66    0     天线0B      发送与接收     主
112        0     66    0     天线0C      发送与接收     主
112        0     66    0     天线0D      发送与接收     主
(结果个数 = 24)
```

图 4-83　扇区设备配置信息（室分场景）查询结果

在查询结果的输出参数中，"天线配置方式"参数信息表示扇区设备的天线信息配置方式，如果配置为"天线端口"，则需要配置天线端口列表；如果配置为"波束"，则需要配置 RRU 和波束赋形相关参数。室分场景的 pRRU 应将该参数配置为"天线端口"。

4.5.2 小区管理

小区也称蜂窝小区。扇区是一个具有地理意义的概念，而小区是一个逻辑概念，主要是为了方便移动交换中心进行参数配置及控制，因此，一个扇区可能包含几个小区。通常扇区与基站的天线方向对应，有 360° 天线方向的基站只有一个扇区，而只具有定向天线的基站会包含多个扇区。一般，只要无线参数有所不同，就会分为一个小区。例如，频率不同或者频率相同但扰码不同都会被分为不同的小区，此时，按照天线的地理覆盖范围，一个扇区会与一个小区对应或者一个扇区包含两个或者两个以上的小区。

小区可以分为单扇区小区和多扇区小区。单扇区小区与一个扇区关联，一个基站支持的小区数由"扇区数×每扇区载波数"确定，单扇区小区一般应用在典型宏站场景下。多扇区小区是指跨多个扇区的小区，每个扇区都有独立的 RRU、天线模式和发射功率。单扇区小区和多扇区小区如图 4-84 所示。

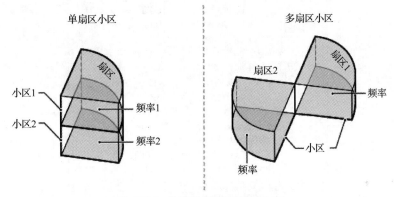

图 4-84　单扇区小区和多扇区小区

小区管理主要是基于 5GStar 使用 MML 命令查询小区的配置及状态。小区管理涉及的 MML 命令及其功能如表 4-11 所示。

表 4-11　小区管理涉及的 MML 命令及其功能

内容	MML 命令	功能
NR DU 小区管理	LST NRDUCELL	查询 NR DU 小区静态参数
	DSP NRDUCELL	查询 NR DU 小区动态参数
	BLK/UBL NRDUCELL	闭塞/解闭塞 NR DU 小区
NR DU 小区 TRP 管理	LST NRDUCELLTRP	查询 NR DU 小区 TRP 静态参数
	DSP NRDUCELLTRP	查询 NR DU 小区 TRP 动态参数
NR DU 小区覆盖区管理	LST NRDUCELLCOVERAGE	查询 NR DU 小区覆盖区
NR 小区管理	LST NRCELL	查询 NR 小区静态参数
	DSP NRCELL	查询 NR 小区动态参数
	ACT/DEA NRCELL	激活/去激活 NR 小区

1. NR DU 小区管理

NR DU 小区管理主要是查询 NR DU 小区的参数以及对 NR DU 小区进行闭塞/解闭塞操作。

使用 MML 命令"LST NRDUCELL"可查询 NR DU 小区静态参数，其查询结果如图 4-85 所示。

```
%%LST NRDUCELL:NrDuCellId=101;%%
RETCODE = 0   执行成功
查询NR DU小区静态参数
--------------------
            NR DU小区标识  =  101
            NR DU小区名称  =  NRDUCELL1
               双工模式  =  TDD
               小区标识  =  101
             物理小区标识  =  101
                 频带  =  n78
               上行频点  =  0
               下行频点  =  630000
               上行带宽  =  100MHz
               下行带宽  =  100MHz
            小区半径(米)  =  1000
         子载波间隔(kHz)  =  30
             循环前缀长度  =  普通循环前缀
         NR DU小区激活状态  =  激活
               时隙配比  =  4:1时隙配比
               时隙结构  =  SS2
           RAN通知区域标识  =  65535
         LampSite小区标识  =  宏小区
             跟踪区域标识  =  0
               TA偏移量  =  25600Tc
             小区管理状态  =  解闭塞
       SSB频域位置描述方式  =  全局同步信道号
           SSB频域位置  =  7812
          SSB周期(毫秒)  =  20
          SIB1周期(毫秒)  =  20
         NR DU小区组网模式  =  普通小区
        系统消息配置策略标识  =  0
            根序列逻辑索引  =  101
          PRACH频域起始位置  =  65535
             高速小区标识  =  低速小区
        SMTC持续时间(毫秒)  =  2
          SMTC周期(毫秒)  =  20
(结果个数 = 1)
```

图 4-85 NR DU 小区静态参数查询结果

在查询结果的输出参数中，"NR DU 小区标识"参数表示 NR DU 小区的标识，用于在基站范围内唯一标识一个 NR DU 小区；"双工模式"参数表示小区的双工模式，取值为 FDD 时表示当前小区为 FDD 模式，取值为 TDD 时表示当前小区为 TDD 模式，取值为 SUL 时表示当前小区为 SUL 模式；"小区标识"参数表示 NR 小区的标识，该小区标识和 gNB ID 组成协议定义的"NR 小区标识"相同，"NR DU 小区标识"加上 PLMN 组成协议定义的 NR CGI；对于"子载波间隔（kHz）"参数，FDD

默认配置其为 15kHz，TDD 默认配置其为 30kHz；"LampSite 小区标识"用于设置 LampSite 小区的标识，当取值为"LampSite 小区"时，配套 LampSite 特有的射频模块，当取值为"宏小区"时，配套宏站射频模块，"跟踪区域标识"参数用于唯一标识一条跟踪区域信息记录，该参数仅在 gNB 内部使用，与核心网的信息交互中不使用该参数，其与核心网 TAL 中配置的 TAI 不同。

使用 MML 命令"DSP NRDUCELL"可查询 NR DU 小区动态参数，其查询结果如图 4-86 所示。

```
%%DSP NRDUCELL::;%%
RETCODE = 0  执行成功

查询NR DU小区动态参数
------------------------
NR DU小区标识  小区标识  NR DU小区状态说明  最近一次NR DU小区状态变化的原因  最近一次引起NR DU小区可用的操作时间  最近一次引起NR

101          101      正常            NR DU小区建立成功              2021-1-19 11:41:4                    65536
102          102      正常            NR DU小区建立成功              2021-1-19 11:41:4                    2254188
103          103      正常            NR DU小区建立成功              2021-1-19 11:41:4                    2239522
(结果个数 = 3)
```

图 4-86　NR DU 小区动态参数查询结果

在查询结果的输出参数中，"NR DU 小区状态说明"参数包括"正常""未建立""禁止接入"3 种取值。

使用"MML 命令 BLK NRDUCELL"可闭塞 NR DU 小区，其命令执行界面如图 4-87 所示。

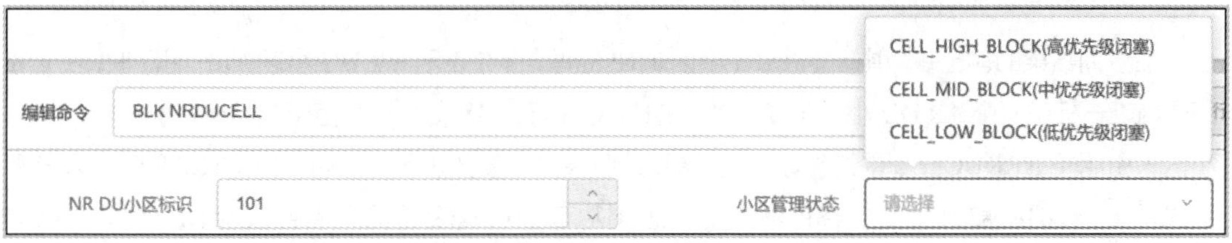

图 4-87　闭塞 NR DU 小区的命令执行界面

在输入参数中，"小区管理状态"有 3 种选择，分别是"CELL_HIGH_BLOCK（高优先级闭塞）""CELL_MID_BLOCK（中优先级闭塞）"和"CELL_LOW_BLOCK（低优先级闭塞）"。当选择"CELL_HIGH_BLOCK（高优先级闭塞）"选项时，如果小区内一直存在 RRC 连接用户，则 10s 后强制去激活小区；当选择"CELL_MID_BLOCK（中优先级闭塞）"选项时，如果小区内一直存在 RRC 连接用户，则 60s 后强制去激活小区；当选择"CELL_LOW_BLOCK（低优先级闭塞）"选项时，等待本小区内所有 RRC 连接用户都释放后再去激活小区。

使用 MML 命令"UBL NRDUCELL"可解闭塞 NR DU 小区，其命令执行界面如图 4-88 所示。

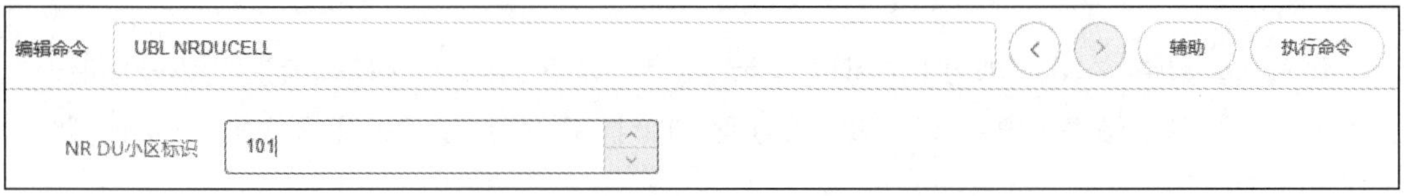

图 4-88　解闭塞 NR DU 小区的命令执行界面

在"NR DU 小区标识"文本框中输入相应的 NR DU 小区标识即可对相应的闭塞小区进行解闭塞操作。

2. NR DU 小区 TRP 管理

NR DU 小区 TRP 管理主要用于查询 NR DU 小区 TRP 的参数。

使用 MML 命令"LST NRDUCELLTRP"可查询 NR DU 小区 TRP 静态参数，其查询结果如图 4-89 所示。

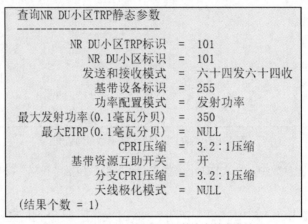

```
查询NR DU小区TRP静态参数
-------------------------
        NR DU小区TRP标识  =  101
          NR DU小区标识   =  101
        发送和接收模式   =  六十四发六十四收
          基带设备标识   =  255
          功率配置模式   =  发射功率
   最大发射功率(0.1毫瓦分贝)  =  350
      最大EIRP(0.1毫瓦分贝)  =  NULL
              CPRI压缩   =  3.2：1压缩
        基带资源互助开关  =  开
           分支CPRI压缩  =  3.2：1压缩
          天线极化模式   =  NULL
(结果个数 = 1)
```

图 4-89　NR DU 小区 TRP 静态参数查询结果

在查询结果的输出参数中，"NR DU 小区 TRP 标识"参数表示 NR DU 小区 TRP 的标识，在 gNB 范围内唯一标识一个 NR DU 小区 TRP；"NR DU 小区标识"参数在 gNB 范围内唯一标识一个 NR DU 小区，引用于 NRDUCELL 中的参数；"发送和接收模式"参数表示 NR DU 小区 TRP 的发送和接收模式，如 64T64R、32T32R、8T8R 等；"最大发射功率（0.1 毫瓦分贝）"参数表示 NR DU 小区 TRP 单个发射通道的最大发射功率，其仅当 PowerConfigMode 配置为"TRANSMIT_POWER"时才有效；"CPRI 压缩"参数表示 NR DU 小区的 BBU 模块与射频模块之间的 CPRI 数据压缩模式，此参数仅当 BBU 模块与射频模块之间的数据采用 CPRI 协议传输时才有效。

使用 MML 命令"DSP NRDUCELLTRP"可查询 NR DU 小区 TRP 动态参数，其命令执行界面如图 4-90 所示。

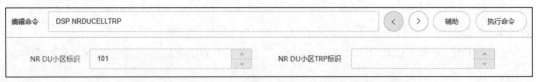

图 4-90　查询 NR DU 小区 TRP 动态参数的命令执行界面

在输入参数中，"NR DU 小区标识"表示 NR DU 小区的标识，在基站范围内唯一标识一个 NR DU 小区，该参数为必填参数；"NR DU 小区 TRP 标识"表示在 gNB 范围内唯一标识一个 NR DU 小区 TRP。

NR DU 小区 TRP 动态参数查询结果如图 4-91 所示。

```
%%DSP NRDUCELLTRP:NrDuCellId=101;%%
RETCODE = 0  执行成功


查询NR DU小区TRP动态参数
-----------------------
              NR DU小区标识 = 101
           NR DU小区TRP标识 = 101
           NR DU小区TRP状态 = 可用
      NR DU小区TRP不可用原因 = 无信息
              支持的波束场景 = 0/1/2/3/4/5/6/7/8/9/10/11/12/13/14/15/16/17/18/99
              默认的波束场景 = H105V6
              实际波束场景 = DEFAULT
         支持的方位角范围(度) = 0~0
           支持的倾角范围(度) = -2~9
             实际方位角(度) = 0
               实际倾角(度) = 6
(结果个数 = 1)
```

图 4-91　NR DU 小区 TRP 动态参数查询结果

3. NR DU 小区覆盖区管理

NR DU 小区覆盖区管理主要用于查询 NR DU 小区覆盖区的数据记录。

使用 MML 命令"LST NRDUCELLCOVERAGE"可查询 NR DU 小区覆盖区信息，其查询结果如图 4-92 所示。

```
查询NR DU小区覆盖区
-------------------
NR DU小区TRP标识   NR DU小区覆盖区标识   扇区设备标识   最大发射功率(0.1毫瓦分贝)   天线端口映射

101              101                101           65535                      默认
102              102                102           65535                      默认
103              103                103           65535                      默认
(结果个数 = 3)
```

图 4-92　NR DU 小区覆盖区信息查询结果

该命令主要通过"NR DU 小区 TRP 标识"和"扇区设备标识"这两个参数对扇区及小区进行关联。

4. NR 小区管理

NR 小区管理主要用于查询 NR 小区的参数，以及对 NR 小区进行激活/去激活操作。

使用 MML 命令"LST NRCELL"可查询 NR 小区静态参数，其查询结果如图 4-93 所示。

```
%%LST NRCELL:;%%
RETCODE = 0  执行成功

查询NR小区静态参数
-------------------
NR小区标识   小区名称    小区标识   频带   双工模式   用户标签   小区激活状态

101         NRCELL1    101       n78    TDD       NULL      激活
102         NRCELL2    102       n78    TDD       NULL      激活
103         NRCELL3    103       n78    TDD       NULL      激活
(结果个数 = 3)
```

图 4-93　NR 小区静态参数查询结果

NRCELL 可以理解为 CU 侧的小区，目前 CU 和 DU 物理合设，但是逻辑配置分为 DUCELL 和 NRCELL，NRCELL 通过"小区标识"与 NRDUCELL 关联。"小区标识"参数表示 NR 小区的标识，该小区标识和 gNB ID 组成协议定义的"NR 小区标识"，NR 小区标识加上 PLMN 组成 NCGI。

使用 MML 命令"DSP NRCELL"可查询 NR 小区动态参数，其查询结果如图 4-94 所示。

```
%%DSP NRCELL:NrCellId=101;%%
RETCODE = 0  执行成功

查询NR小区动态参数
--------------------
                NR小区标识  =  101
             小区可用状态  =  可用
           小区的状态说明  =  正常
        NR DU小区状态说明  =  正常
   最近一次小区状态变化的原因  =  小区建立成功
 最近一次引起小区可用的操作时间  =  2021-1-19 10:59:38
 最近一次引起小区可用的操作类型  =  激活小区
 最近一次引起小区不可用的操作时间 = 2021-1-19 10:59:38
 最近一次引起小区不可用的操作类型 = 去激活小区
         小区控制节点信息  =  NULL
(结果个数 = 1)
```

图 4-94　NR 小区动态参数查询结果

在查询结果的输出参数中，"NR 小区标识"参数在此基站范围内唯一标识一个小区；"小区的状态说明"参数表示本地小区的实例状态，NR 小区状态为 CELL_INST_INSTALL（正常）时，小区可以支持业务正常处理，NR 小区状态为 CELL_INST_UNINSTALL（未建立）时，小区不支持任何业务处理；"NR DU 小区状态说明"参数表示 DU 本地小区的实例状态，NR DU 小区状态为 DUCELL_INST_INSTALL（正常）时，小区可以支持业务正常处理，NR DU 小区状态为 DUCELL_INST_UNINSTALL（未建立）时，小区不支持任何业务处理。

使用 MML 命令"ACT NRCELL"可激活 NR 小区，其命令执行界面如图 4-95 所示。激活小区后，小区建立的结果可以通过小区状态来观察，即可使用"DSP NRCELL"命令查看小区状态。

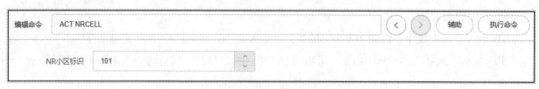

图 4-95　激活 NR 小区的命令执行界面

使用 MML 命令"DEA NRCELL"可去激活 NR 小区，其命令执行界面如图 4-96 所示。小区去激活后，与用户相关的所有业务都会中断。

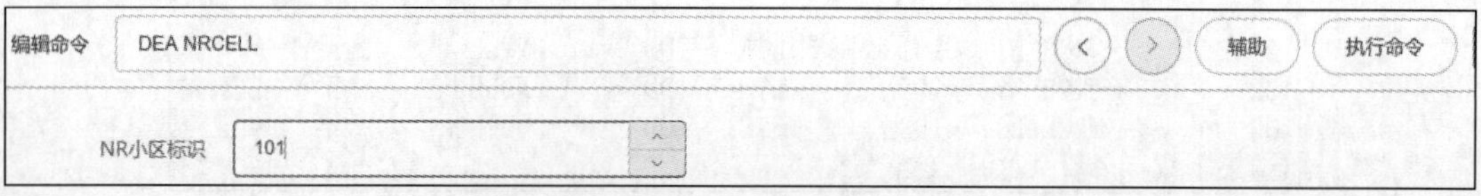

图 4-96　去激活 NR 小区的命令执行界面

从扇区管理和小区管理的命令可以看出，各个 MML 命令之间存在着引用关系，无线侧扇区管理和小区管理的 MML 命令之间的引用关系如图 4-97 所示。

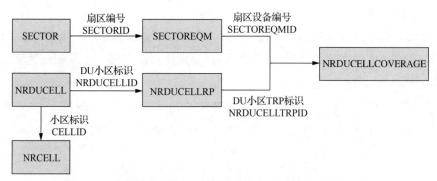

图 4-97 无线侧扇区管理和小区管理的 MML 命令之间的引用关系

从图 4-97 中可以看出，扇区管理主要是扇区和扇区设备的管理；小区管理主要是 NR DU 小区、NR DU 小区 TRP 的管理；扇区信息和小区信息通过 NR DU 小区覆盖区进行关联；NR 小区与 NR DU 小区通过小区标识进行关联。

4.5.3 邻区管理

在网络搬迁、扩容等运维场景下，邻区关系不断发生变化，需要及时维护邻区关系。

基站邻区分为站内邻区和站间邻区。站内邻区只需添加 NR 小区关系，站间邻区需要先添加外部邻区信息，再添加 NR 小区关系。邻区管理涉及的 MML 命令及其功能如表 4-12 所示。

表 4-12 邻区管理涉及的 MML 命令及其功能

内容	MML 命令	功能
站内邻区	LST NRCELLRELATION	查询 NR 小区关系
站间邻区	LST NREXTERNALNCELL	查询 NR 外部邻区信息
	LST NRCELLRELATION	查询 NR 小区关系

使用 MML 命令"LST NRCELLRELATION"可查询 NR 小区关系，其查询结果如图 4-98 所示。

```
查询NR小区关系

NR小区标识  移动国家码  移动网络码  gNodeB标识  小区标识  小区偏移量(分贝)  辅小区盲配置标记  禁止切换标识  禁止删除标识

101        460       88        101        102      0DB            否              允许切换      允许自动邻区关系算法删除
101        460       88        101        103      0DB            否              允许切换      允许自动邻区关系算法删除
101        460       88        102        104      0DB            否              允许切换      允许自动邻区关系算法删除
101        460       88        102        105      0DB            否              允许切换      允许自动邻区关系算法删除
101        460       88        102        106      0DB            否              允许切换      允许自动邻区关系算法删除
(结果个数 = 5)
```

图 4-98 NR 小区关系查询结果

在查询结果的输出参数中，除了"NR 小区标识"为本基站的信息，其他参数都是邻区的信息，具体说明如下："NR 小区标识"参数表示小区的标识，在此基站范围内唯一标识一个小区；"移动国家码"参数表示 NR 邻区所归属的移动国家码；"移动网络码"参数表示 NR 邻区所归属的移动网络码；"gNodeB 标识"参数表示 NR 邻区的同一 PLMN 中的基站唯一标识；"小区标识"参数表示 NR 邻区在基站内的小区唯一标识。

使用 MML 命令"LST NREXTERNALNCELL"可查询 NR 外部邻区信息。站间邻区关系先要有邻基站小区的信息（即外部邻区信息），再与此基站小区间建立邻区关系，故需要先查询 NR 外部邻区信息，其查询结果如图 4-99 所示。

查询NR外部邻区										
移动国家码	移动网络码	gNodeB标识	小区标识	物理小区标识	小区名称	RAN通知区域标识	跟踪区域码	SSB频域位置描述方式	SSB频域位置
460	88	102	104	104	NULL	65535	102	全局同步信道号	7812
460	88	102	105	105	NULL	65535	102	全局同步信道号	7812
460	88	102	106	106	NULL	65535	102	全局同步信道号	7812
(结果个数 = 3)									

图 4-99　NR 外部邻区信息查询结果

在查询结果的输出参数中，"移动国家码"参数表示 NR 外部邻区所归属的移动国家码；"移动网络码"参数表示 NR 外部邻区所归属的移动网络码；"gNoedB 标识"参数表示 NR 外部邻区的同一 PLMN 中的基站唯一标识；"小区标识"参数表示 NR 外部邻区的同一基站内的小区唯一标识；"物理小区标识"参数表示 NR 外部邻区的物理小区标识；"跟踪区域码"参数表示邻区跟踪区域码，用于核心网界定寻呼消息的发送范围，一个跟踪区可能包含一个或多个小区。

本节对无线管理中的扇区、小区和邻区的相关概念进行了介绍，并重点介绍了如何在 5GStar 上使用 MML 命令进行扇区管理、小区管理和邻区管理。

📖 本章小结

本章主要介绍了 5G 基站拓扑管理、告警管理和日志管理，基站全局信息管理，基站设备管理，基站传输管理和基站无线管理的相关内容。

在拓扑管理、告警管理和日志管理中介绍了拓扑管理的方法；告警的概念、分类和级别，以及如何查询当前告警和历史告警；日志管理的概念、分类，以及如何查询日志。

基站全局信息管理介绍了如何对基站应用类型、运行模式等相关信息进行查询。

基站设备管理从软件管理、BBU 模块管理、射频模块管理和时钟管理 4 个维度展开了介绍。

基站传输管理从水平分层的角度，先对协议栈的每一层协议进行了详细说明，再介绍如何根据协议栈结构分别对物理层、数据链路层、网络层和传输应用层进行传输管理。

基站无线管理介绍了扇区管理、小区管理和邻区管理的概念以及如何使用 MML 命令进行扇区管理、小区管理和邻区管理。

希望读者在学习完本章后能够掌握 5G 基站日常管理涉及的相关知识，并使用 5GStar 进行 5G 站点的日常操作维护。

本章知识框架如图 4-100 所示。

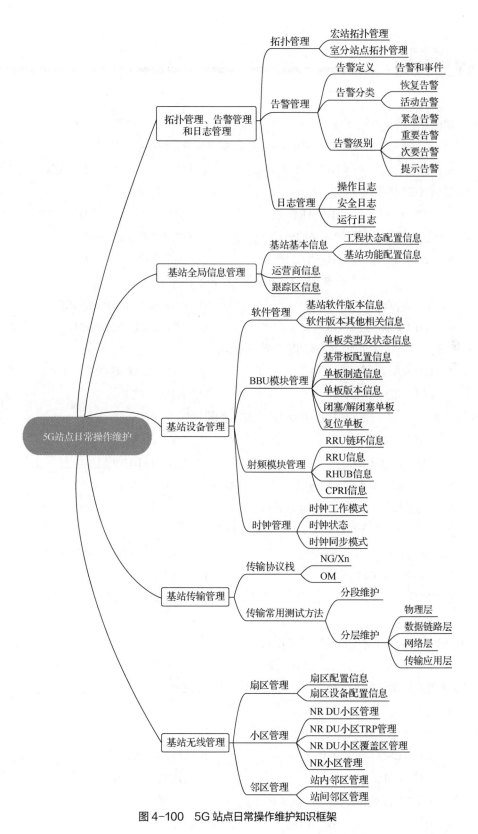

图 4-100　5G 站点日常操作维护知识框架

课后练习

一、单选题

（1）（   ）提供了 IP 寻址、路由选择和 IP 数据报的分割及重组等功能。

    A. 物理层   B. 数据链路层   C. IP 层   D. 传输层

（2）传输层控制平面采用了（   ）协议。

    A. TCP/IP   B. ARP   C. UDP   D. SCTP

（3）在新模式下，数据链路层与物理层是通过（   ）参数互相关联的。

    A. 接口标识   B. 端口标识   C. 接口编号   D. 端口编号

（4）下列（   ）命令可以查询端节点组的用户平面本端。

    A. LST SCTPHOST2EPGRP   B. LST SCTPPEER2EPGRP

    C. LST UPHOST2EPGRP   D. LST UPPEER2EPGRP

（5）下列（   ）命令可以查询扇区设备配置信息。

    A. LST SECTOR   B. LST SECTOREQM

    C. LST NRDUCELL   D. LST NRCELL

（6）下列（   ）命令可以对 NR DU 小区进行闭塞操作。

    A. LST NRDUCELL   B. DSP NRDUCELL

    C. BLK NRDUCELL   D. UBL NRDUCELL

（7）NRCELL 和 NRDUCELL 通过（   ）参数进行小区关系关联。

    A. 小区标识   B. NR 小区标识   C. 小区名称   D. NR 小区名称

（8）下列（   ）命令可以查询 NR 外部邻区信息。

    A. LST NRCELLRELATION   B. LST NREXTERNALNCELL

    C. LST NRDUCELL   D. LST NRCELL

（9）宏站主要用于室外组网，室分站点主要用于室内组网。这种说法是（   ）的。

    A. 正确   B. 错误

（10）BBU 与交换机之间的传输连接使用（   ）。

    A. 传输光纤   B. CPRI 光纤   C. 超柔馈线   D. 电源线

（11）事件会对系统产生负面影响，需要清理。这种说法是（   ）的。

    A. 正确   B. 错误

（12）下列（   ）命令可以查询当前告警。

    A. LST ALMAF   B. DSP ALMAF

    C. LST ALMLOG   D. DSP ALMLOG

（13）一个跟踪区只能包含一个小区。这种说法是（   ）的。

    A. 正确   B. 错误

（14）下列（　　）命令可以查询 NR 架构选项。

    A．LST APP   B．LST GNODEBFUNCTION

    C．LST GNBOPERATOR   D．LST GNBTRACKINGAREA

二、多选题

（1）以下关于 IP 路由说法正确的有（　　）。

    A．IP 路由有两种方式，分别为目的地址路由和源地址路由

    B．直连路由是一种源地址路由

    C．直连路由不需要人工维护，路由优先级别最高

    D．直连路由可通过 DSP IPROUTE4 命令进行查询

（2）以下关于小区和扇区的说法中正确的有（　　）。

    A．扇区是一种物理概念，是地理区域信号最小覆盖范围

    B．小区是一种逻辑概念

    C．一个扇区可能包含几个小区

    D．小区可以分为单扇区小区和多扇区小区

（3）下列关于 BLK NRDUCELL 命令参数说法正确的有（　　）。

    A．"小区管理状态"可以是"高优先级闭塞""中优先级闭塞"和"低优先级闭塞"

    B．处于"高优先级闭塞"时，如果小区内一直存在 RRC 连接用户，则 10s 后强制激活小区

    C．处于"中优先级闭塞"时，如果小区内一直存在 RRC 连接用户，则 60s 后强制激活小区

    D．处于"低优先级闭塞"时，等待本小区内所有 RRC 连接用户都释放之后，再去激活小区

（4）宏站可能的组成设备有（　　）。

    A．BBU   B．AAU   C．RRU   D．pRRU

（5）下列关于告警说法错误的有（　　）。

    A．恢复告警无法被查询到

    B．系统出现告警时，如果不及时清理，则可能导致系统无法正常工作

    C．重要告警未影响到服务质量，但为了避免出现更严重的故障，需要在适当时候进行处理或进一步观察

    D．历史告警会有告警的恢复时间，但是当前告警没有恢复时间

（6）基站全局信息管理包含的内容有（　　）。

    A．基站基本信息管理   B．设备商信息管理

    C．运营商信息管理   D．跟踪区信息管理

三、简答题

（1）5G 基站分为哪两类，各自的应用场景和组成部分分别是什么？

（2）告警可以分为哪几个级别，分别对应什么颜色？

（3）传输协议栈包含哪几层，每层的作用分别是什么？

第 5 章
5G 通用操作安全保障

　　5G 基站和系统设备在安装、维护中必须遵守操作规范，以确保人员和设备安全。在华为 3900 和 5900 系列 5G 基站用户手册中设有相关安全注意事项。

　　本章主要介绍 5G 系统设备通用操作的安全规范、5G 基站和系统设备安全操作的具体执行，以及环境、健康、安全（Environment、Health、Safety，EHS）管理的概念及其管理流程，并具体介绍登高、带电等作业的典型 EHS 管理流程。

本章学习目标

- 掌握 5G 通用安全规范
- 掌握 5G 安全操作执行的概念
- 掌握 5G 相关作业的 EHS 管理与规范

5.1 通用安全规范

　　本节主要介绍通用安全规范，包括树立安全防范意识、安全紧急情况应对等内容，并详细介绍 5G 系统设备操作与维护的安全管理中涉及的人员管理、现场管理、规范制度和教育培训等方面的内容。

5.1.1 树立安全防范意识

　　根据著名的安全管理"金字塔"理论（海因里希法则）的概率统计，每发生 1 起死亡事故的同时，会发生 29 起损工事故、300 起医疗和限工事故、3000 起未遂事故和急救箱事件，以及 30000 起其他不安全事件，图 5-1 所示为安全管理金字塔。该理论表明，每一起死亡事故的背后都有大量的不太严重的事故和不安全行为发生，需要注重工程施工中的安全防范工作，尽量避免各种不安全行为，最终达到减少或避免出现严重安全事故的目的。因此，安全工作要以安全第一、预防为主为原则。

　　图 5-2 所示为 5G 系统设备操作安全总则，工程施工的安全作业主要包括人员管理、现场管理、规范制度和教育培训 4 个方面。

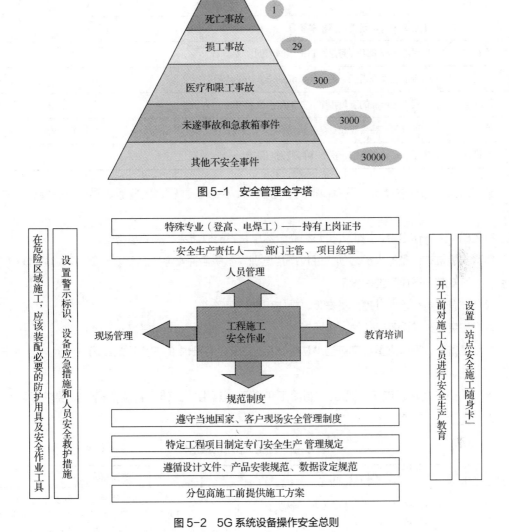

图 5-1 安全管理金字塔

图 5-2 5G 系统设备操作安全总则

人员管理方面的主要原则是特殊专业（登高、电焊工）的操作人员要持有上岗证书，部门主管和项目经理担任安全生产责任人等。

现场管理方面主要包括设置警示标识、设备应急措施和人员安全救护措施等，在危险区域施工，应该装配必要的防护用具及安全作业工具。

规范制度方面主要是要遵守当地国家、客户现场安全管理制度，特定工程项目制定专门安全生产管理规定，遵循设计文件、产品安装规范、数据设定规范，以及分包商施工前提供施工方案等。

教育培训方面主要是开工前对施工人员进行安全生产教育，设置"站点安全施工随身卡"，以确保施工人员了解安全规范。

在工程施工之前，通常需要确认一些问题，如表 5-1 所示，以保证安全施工。

表 5-1　工程施工之前需要确认的问题

编号	问题描述
问题 1	工程施工人员是否具备相关资质
问题 2	接受的工程施工任务是否有适当的培训
问题 3	接受的工程施工任务是否有配套的个人防护用品
问题 4	工程施工所需的工具和个人防护用品是否齐全
问题 5	工程施工前是否完成安全、风险评估
问题 6	是否了解安全标识、紧急事件处理方法等

施工人员必须身体健康，没有精神病、心脏病、突发性昏厥、色盲等妨碍作业的疾病及生理缺陷。

在完成重大操作之前，施工人员必须充分休息，不能以疲劳状态参与施工。

负责安装维护设备的人员必须先经过严格培训，了解各种安全注意事项，掌握正确的操作方法之后，方可安装、操作和维护设备。

只允许有资质和培训过的人员安装、操作和维护设备。

替换和变更关键设备或部件（包括软件）必须由华为公司认证或授权的人员完成。

操作设备时，操作人员应遵守当地法规和相应规范，手册中的安全注意事项仅作为对当地安全规范的补充。

施工人员主要涉及电工、焊工、制冷工和塔工，其相关工作内容及资格认证要求可以参考表 5-2。

表 5-2　施工人员资质要求

工种	工作内容	资格认证
电工	对电气设备进行运行、维护、安装、检修、改造、施工、调试等作业	原国家安监局（现应急管理部）颁发的电工操作证、人力资源和社会保障局颁发的电工从业资格证、国家电监会颁发的国家电工进网许可证
焊工	运用焊接或者热切割方法对材料进行加工作业，电焊、气焊、弧焊、电焊气割、其他	原国家安监局（现应急管理部）颁发的焊工操作证
制冷工	针对小、中、大型空调或制冷设备进行操作、维修、安装、调试	原国家安监局（现应急管理部）颁发的制冷上岗操作证
塔工	登高架设作业或高处安装、维护、拆除作业	原国家安监局（现应急管理部）颁发的高处作业操作证

另外，施工人员的精神状态会影响事故发生的概率。当施工人员处于匆忙、自满、疲劳、受挫 4 种状态时，会导致出现走神、心不在焉、失去平衡/被拖住/被夹住等现象，这些将增大施工人员受伤可能性。因此，施工人员一定要谨记自身安全职责，具体如表 5-3 所示。

表 5-3　施工人员安全职责

编号	具体描述
安全职责 1	您是自身健康和安全的第一责任人
安全职责 2	您工作中的行为不能将您的伙伴或周边人员置于危险当中
安全职责 3	遵守安全准则，在必要的岗位必须接受合适的培训
安全职责 4	不要妨碍使用或误用安全设施
安全职责 5	如果在工作中受伤，应立即报告
安全职责 6	如果有什么事情会影响到施工人员的正常工作（如身体不适/受伤），应及时告知其上级
安全职责 7	如果在操作机器、高空作业前服用了药物，致使身体状态不佳，应及时告知上级

以下是工程施工安全交付口诀。

> 交付安全是第一，遵守流程重预防；
> 工程界面要清楚，客户设备禁操作；
> 特殊工种上岗证，危险区域应警示；
> 高空作业防坠落，高温操作注消防；
> 站点作业标准化，软件版本应授权；
> 重大操作审方案，现网操作须申请；
> 商业机密范围广，职业道德要遵守；
> 安全快速专业化，客户满意低成本。

5.1.2　安全紧急情况应对

在工程施工中，当出现安全紧急事故时，应当立即采取急救措施，并立即通报事故。

相关的注意事项如下。

一旦发生事故，立即向华为站点工程师/项目经理报告；若需要专业帮助，请立即拨打紧急求助电话；尽量让有急救资质（经验）的人员实施急救，避免伤员受到进一步伤害；不要轻易移动伤员，以防伤员受到进一步伤害。

野外施工时必须携带一个小型旅行急救包，每个人必须知道急救包的存放位置，急救装备必须满足工作的性质和人员的需求。

5.2　安全操作执行

本节将详细介绍常见的机房和网络设备相关安全标识、个人防护用品的分类和使用规范等内容。其中，安全标识主要包括禁止标识、警告标识、紧急状况标识和强制标识；个人防护用品有头部防护类、眼部和面部防护类、手部防护类、足部防护类及防坠落用品等。

5.2.1 机房和网络设备相关安全标识

通用的安全标识一般分为 4 类，分别是禁止标识（特点是红圈白底带红色斜杠）、警告标识（黄底黑色图案）、紧急状况标识（绿底白色图案）和强制标识（蓝底白色图案）4 种，图 5-3 所示为部分安全标识。

禁止驶入　　　　　　　禁止穿拖鞋　　　　　　　禁止烟火

（a）禁止标识

当心车辆　　　　当心坑洞　　　　当心触电　　　　注意安全

（b）警告标识

（c）紧急状况标识

（d）强制标识

图 5-3　部分安全标识

5.2.2　个人防护用品的分类和使用规范

在 5G 系统设备操作和维护过程中存在各种危险和有害因素，会伤害劳动者的身体，损害其健康，甚至危及其生命。个人防护用品（Personal Protective Equipment，PPE）是指劳动者在生产过程中为免遭或减轻事故伤害和职业危害的个人随身穿（佩）戴的用品。PPE 可以保护操作人员的身体，避免其在工作时遭受设备或设施的伤害，即能预防工伤；能有效保护操作人员的身体健康，预防职业病。

任何设备操作和维护过程都存在着各种危险和有害因素，正确使用和佩戴劳动防护用品是保障操作人员安全的有效措施。

PPE 可分为头部防护类、眼部和面部防护类、手部防护类、足部防护类及防坠落用品等，如表 5-4 所示。

表 5-4　PPE 类型和常用防护用品

序号	类型	定义与说明	常用防护用品
1	头部防护类	防止生产过程中有害物质和能量损伤操作人员头部的护具。典型护具是安全帽，属于特种防护用品。安全帽需要"三证"，包括生产许可证、产品合格证、安全标识证（安全鉴定证）	安全头盔、防静电工帽等
2	眼部和面部防护类	预防烟、尘粒、金属火花和飞屑、热、电磁辐射、激光、化学物飞溅等伤害眼睛或面部的护具	防激光眼镜、护目镜、防护眼镜等
3	手部防护类	具有保护手和手臂的功能，供操作人员劳动时戴用的手套等	橡胶防护手套（防酸碱和其他危险化学品腐蚀）、指套、耐热耐寒手套、防割手套、棉纱手套等
4	足部防护类	防止生产过程中有害物质和能量损伤操作人员足部的护具	防静电鞋、防刺穿鞋、防高温鞋、电绝缘鞋、防酸碱鞋等
5	防坠落用品	在高空作业时，防止人体从高处坠落，保护操作人员人身安全的用品	安全带/绳、安全网等

表 5-5 所示为不同工作场景下的 PPE 配置要求。具体的工作场景包括开挖作业、挖沟、吊装、使用带电工具、高空作业、布线、搬运设备、装卸物品、仓库作业、EHS 检查等，相关的 PPE 有安全帽、安全鞋、荧光马甲、安全手套、安全绳、双挂钩安全绳、施工定位绳和防护眼镜等，这些防护用品需要满足的 CE 认证标准有 EN397、EN20345、EN471、EN388、EN361、EN358、EN813、EN355、EN354、EN362、EN166 等。

表 5-5　不同工作场景下的 PPE 配置要求

通用要求		安全帽	安全鞋	荧光马甲	安全手套	安全绳	双挂钩安全绳	施工定位绳	防护眼镜
		EN397	EN20345	EN471	EN388	EN361 EN358 或 EN813	EN355 EN354 EN362	EN358	EN166
施工类别	开挖作业	✓	✓						
	挖沟	✓	✓	✓	✓				

续表

通用要求		安全帽	安全鞋	荧光马甲	安全手套	安全绳	双挂钩安全绳	施工定位绳	防护眼镜
		EN397	EN20345	EN471	EN388	EN361 EN358 或 EN813	EN355 EN354 EN362	EN358	EN166
施工类别	吊装	✓	✓		✓				
	使用带电工具	✓	✓		✓				✓
	高空作业	✓	✓		✓	✓	✓	✓	
	布线	✓	✓		✓				✓
	搬运设备	✓	✓		✓				
	装卸物品	✓	✓	✓	✓				
	仓库作业	✓	✓	✓	✓				
	EHS 检查	✓	✓	✓					

使用 PPE 时要注意使用规范，如在工程施工前要确保检查以下防护用品：安全帽、施工证、安全衣（高空作业时）和安全鞋/靴。

在进行焊接、打磨等特殊作业时，需要使用联合防护，包括眼睛保护、耳朵保护和防护手套。

在高空、开放边沿等作业时，必须穿安全衣并固定，安全衣和安全带必须配套使用，禁止只使用安全带且系索两端必须可靠系于安全衣。

PPE 损坏时要及时更换。

5.3 EHS

EHS 管理是指环境、健康与安全一体化管理，EHS 管理的目的是保证施工过程、施工人员（包括华为员工、客户、分包商及相关方人员）的安全。EHS 管理为工程施工过程（环境、健康和安全方面）的管理提供了规范指导。

5.3.1 EHS 管理的主要内容

EHS 管理的主要内容包括人身安全、野外区域和防火安全、工程施工作业安全、工具和机械设备安全、交通安全 5 个方面的管理，如图 5-4 所示。

（1）人身安全

人身安全方面主要需要注意以下内容。

在工程施工前，作业人员应熟悉工程现场环境，以防止与其他公司员工交叉作业时发生事故；搬运设备必须有足够的人力和可靠的搬运工具，索具绑扎紧固，防止人员被砸伤、压伤；开箱应佩戴手套并正确使用工具，形状尖锐易伤人的包装箱板应尽快清离施工现场；设备安装过程中需要使用电钻、电锯、刀具等锋利工具时，必须严格遵照工具使用说明书进行操作。

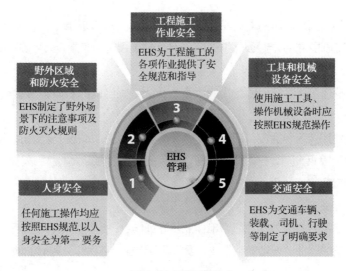

图 5-4　EHS 管理

货物堆放要整齐、重心稳定，防止倾覆砸伤工作人员，并保留足够的通道；设备固定过程中必须有人协助保持机柜平衡，防止其倾覆；楼板过线孔洞、竖线井口属于高危地带，必须有保护措施；行走通道的防静电地板在设备硬件安装完毕后必须牢固复原，避免人员踩空摔倒；室内登高作业应确保梯子（或其他承重器材）的稳固，登高作业者的操作工具和材料应该妥善放置，以免跌落，登高作业期间，其作业区地面部分人员应全部撤离至安全区域。

设备硬件安装操作必须在无电情况下进行，如果确实需要在带电设备中操作，则作业人员除工具外，衣着不能有其他外露的金属物件且工具工作面外的金属部位应用胶布缠绕以绝缘，作业人员必须佩戴绝缘手套；对于有强光源的设备，不能直视发光处，以防止强光对眼睛造成损伤；对于化学制剂操作，必须有保护措施，严禁裸手接触；在通风较差的管道等狭小区域中作业前，必须先通风。

（2）野外区域和防火安全

以下是野外区域应当注意的安全事项。

① 在进行高风险工作时，充分利用同伴的帮助。

② 督导或经理必须了解工作的路线、工作区域和工作任务。

③ 若在预定时间未与施工人员取得联系，则应启动紧急预案。

④ 若有风险，则应准备充足的水、食物等。

⑤ 车辆在偏远区域必须符合使用要求，定期维护，配用充足的配件（如轮胎）等。

⑥ 配备紧急电话（卫星/移动），出发前测试并配备充足的电池等。

⑦ 出发前检查所有安全设备，如灭火器、急救箱、工具包等，以满足工作需要，并定期进行维护。

⑧ 携带充足、合适的衣服，以在低温、高温、大风、雨雪等恶劣天气情况下保护自己。

以下是防火安全注意事项。

① 若发现火灾或怀疑着火，则应当立即发出警报，准备撤离；报火警；疏散到集散点；当火势

较小、可控时，先尽力灭火；听到警报或收到撤离通知时，应立即撤离。

② 遇到以下情况时不能参与灭火：不知道是什么原因引起的燃烧；火势蔓延得非常快；有大量的烟雾；没有充足或合适的灭火设备。

③ 使用灭火器时，确保使用适合火灾类型的灭火器。当能力有限无法参与灭火时，应紧急疏散。

大多数灭火器使用技巧包括拉、瞄、压、扫、看 5 项：拉，即拉开安全销；瞄，即对准火的底部；压，即压手柄，喷灭火剂；扫，即从侧面对准火的底部喷洒灭火剂直到火被扑灭；看，即看区域，若火重燃，则重复将其扑灭。

（3）工程施工作业安全

工程施工作业主要包括登高作业、带电作业、光纤作业、射频作业、设备保管和搬运作业、铁塔安装作业、天馈安装作业、设备安装作业、设备调测作业、环保作业等，各项作业的 EHS 规范可参考后文。

（4）工具和机械设备安全

使用工具和机械设备必须遵守以下安全要求：工具和机械设备完好，定期维护；在工作中正确使用合适的工具和机械设备；使用前检查工具和机械设备是否损坏；根据手册进行操作；准备和使用合适的个人防护用品。

（5）交通安全

交通安全主要包括车辆要求、司机要求、司机注意事项、车辆注意事项、装载注意事项等内容。

车辆要求：车辆必须符合使用要求，状态维护良好，安全带可正常使用；载客符合车辆设计要求，严禁超载；载重符合车辆设计要求，严禁超载。

司机要求：有驾照，经过培训，身体健康，经过充分休息，具备警惕性；行驶中禁止使用手机；禁止酒后驾驶，服用麻醉性质类药物后禁止驾驶；在高危险区域中驾驶时，必须制订行程计划；每天必须设定安全的行驶里程；必须系安全带驾驶；若驾驶摩托车等，则必须戴安全帽。图 5-5 所示为交通安全相关标识。

（a）强制标识：必须系安全带　　（b）禁止标识：行驶过程中禁止使用手机　　（c）禁止标识：禁止酒后驾驶

图 5-5　交通安全相关标识

司机注意事项：在行驶过程中，司机要全神贯注地驾驶，注意交通标识、路况等，遇紧急情况应快速采取行动；长途驾驶前，提前制订计划，减少长途行驶压力，建议每 2 小时停车休息一次；此外，要避免争斗驾驶，驾驶过程中要保持冷静，友好礼貌地对待其他司机，注意遵守道路限速和交通规则，停车、行驶均应保持安全距离，以车速 60km/h 为例，其安全距离应大于 60m。

车辆注意事项：主要包括行驶前检查、日常维护、轮胎及雨刷检查等。行驶前要检查车辆，确保反光镜、标识、灯等干净、无损坏，轮压合适，胎面符合要求，如图 5-6 所示；日常维护包括变速箱、油料、刹车等的维护；轮胎检查主要包括检查胎压，防止爆胎，检查胎面和旋转性，保证轮胎尺寸等；检查雨刷的活动性，发生雨刷硬化、碎裂等时，应及时更换。

装载注意事项：严禁超载，确保车辆货物安全；手动装卸货物时，要注意安全；人货分离；如果人货在同一空间，则应确保人员不在紧急情况下被伤害。

图 5-6　确保胎压和胎面符合要求

5.3.2　登高作业 EHS 规范

凡是在距坠落高度基准面 2m 以上（含 2m）有可能坠落的高处进行的作业，都称为高空作业。施工人员在高空边缘作业时，必须穿安全衣，不能仅使用安全带，工具等物品必须远离边缘。

高空作业分为以下 4 个级别。

Ⅰ级高空作业：作业高度为 2～5m。

Ⅱ级高空作业：作业高度为 5～15m。

Ⅲ级高空作业：作业高度为 15～30m。

Ⅳ级高空作业：作业高度为 30m 以上。

高空作业时需要注意的事项如下。

（1）必须设置工作区域、工作牌及看护人员。

（2）必须使用工作平台，如梯子等，为了确保安全，必须有人协助扶稳梯子。

（3）平台上有人时严禁移动。在平台上工作时，必须锁紧轮子，作业人员应选择刚性固点系好安全装置，避免坠落。

此外，还要注意以下情况。

（1）不允许单独一人爬塔工作，必须有看护人员陪同。

（2）必须在爬塔前检查安全衣且爬塔必须穿安全衣。

（3）确保系索系 2 个不同点。

（4）携带的工具应装在包内，避免跌落。

（5）雨雪、大风等天气状况下禁止爬塔。

5.3.3　带电作业 EHS 规范

带电作业的 EHS 规范具体如下。

① 通信电源施工人员必须是电工专业人员，严禁无证上岗施工；

② 通信电源施工要严格按照设计文件要求进行，施工中应有监督人员监督施工；

③ 通信电源施工前必须保证设备所有开关处于断开状态，在开关处必须设有"停电作业，严禁合闸"等警示牌并做好防护隔离，场地出入口、门等也均需要设置警示牌，现场设专人监控；

④ 业主侧通信电源设备的操作严格按合同工程界面进行；

⑤ 使用业主电源前必须向业主提出加电申请，经业主同意后方可操作；

⑥ 受电设备应严格按照设计文件或者业主电源规划接入供电（配电）设备指定位置；

⑦ 设备加电前必须用测量仪器检查系统电源连接符合安全要求；

⑧ 使用前检查电气设备和电源线；

⑨ 保证电气设备和电源线有标识；

⑩ 使用保护设备，如绝缘手套、绝缘鞋等；

⑪ 检查电源操作工具，更换损坏或有隐患的操作工具；

⑫ 保证容量匹配，禁止随意改变容量；

⑬ 不使用金属梯子在电源区域工作；

⑭ 只有合格的电源操作者才可以进行电源操作。

当工作区域顶部有高压线时，需要注意以下几点：保持安全距离；工作前检查高压线高度是否满足工作要求；设备附近有电源线时，禁止攀爬设备；工作区域附近有电源线时，只能白天工作；在有工作限制的区域工作时，必须有人陪同；设置适当的路障；当有人接触电线操作时，其他人不得直接接触其身体、工具、设备等，应该保持安全距离。

当设备带电，有人触电时，切断电源前不要试图救援，急救人员保持足够的安全距离；立即拨打紧急电话求助；当有火情或其他危险时，受威胁人员应单脚跳离（或双脚并排跳）至少 9m 且离开时不得接触设备。

要注意与高压电保持安全距离，具体的安全距离如表 5-6 所示。

表 5-6　高压电安全距离

电压	安全距离
1kV 以上	至少 1m
33kV 以上	至少 3m
330kV 以上	至少 6m

5.3.4 其他作业的 EHS 规范

其他作业均有具体的 EHS 规范，具体可参考表 5-7。

表 5-7 其他作业的 EHS 规范

序号	作业名称	EHS 规范
1	挖掘作业	合适的支撑、通道梯、路障等是保证挖掘安全的必备要素； 工作前必须保证防护装置到位； 进行挖掘工作前，必须确保侧面有合适的支撑
2	光纤作业	裸光纤安全要求如下。 ① 若碎片进入操作人员的皮肤，则必须将它取出。 ② 要佩戴眼部防护用品。 ③ 安装光纤系统和维护光纤系统作业时，必须由经过专业培训的人员操作。 眼睛安全要求如下。 ① 不得直视正在使用的电缆末端。 ② 未使用的连接器必须戴帽，不得裸露。 ③ 正在使用的光纤末端应绑扎。 ④ 设置警示标识。 ⑤ 激光测试源很危险，不得随意放置。 严禁直视光纤末端、激光源等，激光源不得朝向自己或他人的眼睛
3	射频作业	射频作业前，应确保了解射频安全区域，其 EHS 规范如下。 ① 涉及天线操作时，操作人员进入站点必须获得批准，并遵守标识、警告和命令。 ② 到达或接近天线前，应确保了解安全天线的区域。 ③ 若上塔（抱杆）或操作在天线 5m 内，则必须在工作前申报。 ④ 若需要在非安全区域内工作，则必须申请切断天线电源。 ⑤ 禁止拆开正在运行的射频电缆、连接器等，避免接触射频烧伤。 ⑥ 损坏的射频线缆/连接器是有害的射频辐射源，必须及时通报。 ⑦ 除了射频电缆，对于基站的其他光纤发射系统，操作人员同样需要遵守光发射操作要求
4	设备保管和搬运作业	设备保管和搬运作业 EHS 规范如下。 ① 设备到达后应该尽快组织开箱验货，清点无误后与客户双方签字确认。 ② 应根据货物包装箱外箱上印有的"向上""易碎物品""怕雨""堆码极限层数"等储运图示标识，在运输和保存过程中采取相应的防护措施。 ③ 货物堆叠放置必须整齐、重心稳定，使其在遇到一般的碰撞时不会翻倒跌落，并预留搬运通道，不超过场地承重。 ④ 施工过程中不要妨碍客户已有设备的正常工作，不碰撞、不踩踏、不挤压客户的设备和电缆。 ⑤ 设备物品运输到现场后必须检查，确保物品外包装箱无破损、变形、水浸泡等现象。 ⑥ 防撞标签、防倾斜标签上显示设备防撞击和防倾斜方向，如有不符，则应按"开箱验货流程"检查反馈

序号	作业名称	EHS 规范
5	铁塔安装作业	通信铁塔属于高耸、笨重的钢铁建筑物，铁塔安装属于高空作业，施工难度大，安全问题尤为重要。 遇到雨、雪、雾天气，风力≥5级，温度大于等于38℃或小于等于−10℃，杆件上有冰霜，夜间等场景下严禁作业。 其 EHS 规范如下。 ① 铁塔施工方案、施工现场材料机具、用电等安全检查。 ② 塔材装卸运输。 ③ 塔材储藏与保管。 ④ 工具的安全性能检查。 ⑤ 电动卷扬机、绞盘摆放应符合安全施工要求。 ⑥ 吊运设备器材安全系数要符合要求。 ⑦ 地网及接地系统符合安规。 ⑧ 以塔基为中心，以塔高乘系数 1.1 为半径围成施工区。 ⑨ 施工区和生活区划分明显
6	天馈安装作业	天馈安装作业 EHS 规范如下。 ① 天馈安装吊件应采取保护措施，抱箍安装牢固，仰角调整完后应双螺母锁死螺栓。 ② 大件设备上塔前必须确定临时固定方案且通过现场安全人员审核。 ③ 塔下要有专门的指挥人员，所有现场人员必须听从指挥人员统一指挥。 ④ 高空作业时下方严禁人员走动或进行其他作业。 ⑤ 天馈线必须沿走线架引下，走线架应设在塔中间，以防拉线塔中心偏离造成倒塌事故
7	设备安装作业	设备安装作业 EHS 规范如下。 ① 搬动设备需要在设计的着力点把持，接触镀镍、锌等金属件时必须佩戴手套。 ② 设备运输到现场后必须开箱检查，工具配备正确、使用方法恰当，避免工具对器件或设备造成损伤。 ③ 在位置高于设备处进行施工时，工具、材料、零配件应采取措施妥善管理。 ④ 大功率施工用电必须向用户电源管理部门提出申请，待其审批通过后方可操作。 ⑤ 接电操作前必须检查客户指定的施工用电的电源额定供给能力。 ⑥ 电源线在工作期间会发热，必须保证电源线与其他信号电缆分开布放，线径应满足设计要求，电源线、地线应使用整段电缆，中间不能有接头等。 ⑦ 高温作业开始前必须清理作业区内的一切易燃物品，并做隔离和紧急扑救措施。 ⑧ 设备安装应不影响消防、防盗设备的功效。 ⑨ 对设备单板、硬盘等含电子元器件的部件进行操作时，必须按要求正确佩戴防静电手套或使用其他防静电配套设备。 ⑩ 当天工作结束时应清点物料、工具并妥善归类保存，做好"日清"工作。 ⑪ 施工结束后应清洁机柜表面等
8	设备调测作业	设备调测作业 EHS 规范如下。 ① 设备调试过程中，若需要将调试设备（如便携机等）接在主设备所在网络中，则必须提前提交现场服务申请，向客户申请调测设备 IP 地址，得到客户的许可后方可将调试设备（通常是便携机）接入客户主设备的网络。 ② 系统使用的软盘需要定期杀毒，硬盘中不能有与系统运行无关的程序或数据，主动检查设备运行状态及数据，清除故障隐患。 ③ 在处理外配套设备故障的过程中，外配套工程师对设备的任何操作都必须向最终客户和公司相关部门提交服务申请和处理方案，经批准后方能进行操作。 ④ 由于设备管理需要，客户自行编写的脚本必须通过代表处向公司研发部门提交，评审通过后方能实施。 ⑤ 不泄露公司未经授权许可对外公布的产品机密，不泄露不同运营商的商业秘密和技术机密。 ⑥ 不私下接受客户进行合同交付范围外的服务委托，经公司授权进行的义务服务也要按照正式工作对待

续表

序号	作业名称	EHS 规范
9	环保作业	环保作业 EHS 规范如下。 ① 施工中严禁破坏环境植被、文物、水源等。 ② 人员密集处拉线时应采取特殊地锚做法，如采用混凝土承台升高地锚基础，使拉线距离地面保持净空高度 4.5m。 ③ 分包商施工完成后必须将现场恢复原貌，将剩余废料全部打包带离现场。 ④ 市区施工时应严格执行城市噪声控制标准、施工作业时间要求。 ⑤ 市区施工时应设保洁员。 ⑥ 建筑垃圾运输处理应按照所在国家或地区市政要求对车厢加盖，防止扬尘撒落

本章小结

本章主要介绍了 5G 系统设备通用操作的安全规范、5G 基站和系统设备安全操作的具体执行，以及环境、健康和安全管理的概念及其管理流程，并具体介绍了登高、带电等作业的典型 EHS 规范。本章知识框架如图 5-7 所示。

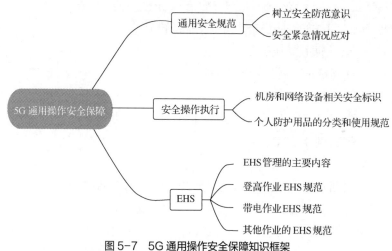

图 5-7　5G 通用操作安全保障知识框架

课后练习

单选题

（1）安全管理金字塔理论指的是（　　　）。

　　A. 海因里希法则 　　　　　　　　B. 墨菲定律

　　C. "黑天鹅" 事件 　　　　　　　D. 荷花定理

（2）在设备操作与维护的安全管理总则中，（　　　）是不正确的。

    A. 登高、电焊工等专业操作人员要持有上岗证书

    B. 在危险区域施工应该装配必要的防护用具及安全作业工具

    C. 操作施工中要遵守当地国家、客户现场安全管理制度、特定工程项目制定的专门的安全生产管理规定

    D. 施工人员担任安全生产责任人

（3）通用的安全标识一般分为4类，禁止标识的颜色一般是（　　　）。

    A. 蓝色　　　　　B. 红色　　　　　C. 黄色　　　　　D. 绿色

（4）EHS管理指的是（　　　）。

    A. 环境、健康、安全　　　　　B. 能源、医疗、安全

    C. 教育、医疗、安全　　　　　D. 以上都不是

（5）高空作业不需要佩戴的防护用品是（　　　）。

    A. 安全帽　　　　　B. 安全绳　　　　　C. 防护荧光马甲　　　　　D. 安全手套

（6）关于作业EHS规范，（　　　）是不正确的。

    A. 射频作业前，应确保了解射频安全区域

    B. 安装和维护光纤系统作业需经过专业培训的人员才能操作

    C. 高空作业时下方严禁人员走动或进行其他作业

    D. 夜间安装铁塔要配置照明工具

（7）以下（　　　）不是光纤作业的EHS规范。

    A. 要佩戴眼部防护用品

    B. 安装和维护光纤系统作业需经过专业培训的人员才能操作

    C. 不得直视正在使用的电缆末端

    D. 必须穿安全衣

（8）在施工人员资质方面，铁塔安装作业必须具备（　　　）工种的资质。

    A. 电工　　　　　B. 焊工　　　　　C. 塔工　　　　　D. 制冷工

（9）EHS管理的主要内容不包括（　　　）。

    A. 人身安全　　　　　B. 野外区域和防火安全

    C. 工具和机械设备安全　　　　　D. 网络安全

（10）以下（　　　）不是天馈安装作业的EHS规范。

    A. 天馈安装吊件应采取保护措施，抱箍安装牢固，仰角调整完后应双螺母锁死螺栓

    B. 大件设备上塔前必须确定临时固定方案且通过现场安全人员审核

    C. 天馈安装时要佩戴防护眼镜

    D. 高空作业时，下方严禁人员走动或进行其他作业